职场第一课

航运物流从业

[修订版]

第1课

黄伟明 著

厦门大学出版社
XIAMEN UNIVERSITY PRESS
国家一级出版社
全国百佳图书出版单位

图书在版编目(CIP)数据

航运物流从业第一课/黄伟明著. —2 版(修订本). —厦门:厦门大学出版社,2018.1
ISBN 978-7-5615-6874-3

Ⅰ.①航…　Ⅱ.①黄…　Ⅲ.①航运-物流管理-职工培训-教材　Ⅳ.①U695.2

中国版本图书馆 CIP 数据核字(2018)第 019230 号

出 版 人	郑文礼
责任编辑	王扬帆
封面制作	李夏凌
技术编辑	许克华

出版发行	厦门大学出版社
社　　址	厦门市软件园二期望海路 39 号
邮政编码	361008
总 编 办	0592-2182177　0592-2181406(传真)
营销中心	0592-2184458　0592-2181365
网　　址	http://www.xmupress.com
邮　　箱	xmup@xmupress.com
印　　刷	厦门集大印刷厂

开本	720mm×1000mm　1/16
印张	14
插页	1
字数	172 千字
印数	1~6 000 册
版次	2018 年 1 月第 2 版
印次	2018 年 1 月第 1 次印刷
定价	48.00 元

厦门大学出版社
微信二维码

厦门大学出版社
微博二维码

本书如有印装质量问题请直接寄承印厂调换

修订版序一

因为工作关系，我有幸结识了世邦集运（厦门）有限公司总经理黄伟明先生，通过一年多来在厦门市国际货运代理协会工作上的配合（本人是会长，黄伟明是副会长兼秘书长。），以及中远海运集运厦门公司与世邦集运厦门公司的业务合作中的多次联系和交流，我十分钦佩他为人处世的风格——低调、务实、热情，充满责任感和使命感。此次受邀为他的专著《航运物流从业第一课》的修订版作序，深感荣幸。

我从事航运物流行业超过二十年，也曾出版过一本行业书籍，读完黄伟明先生的著作，眼前为之一亮：语言朴实、内容翔实、阐述清晰、通俗易懂。书中很多议题和论点说出了我的心里话，对今天航运物流业的从业者包括管理者，具有十分贴切的现实指导意义。

航运物流业是世界经济的"晴雨表"，既充满艰辛又肩负光荣的使命，它见证了国家经贸发展的历史进程，更为实现老百姓对美好生活的向往搭建了通向梦想的桥梁。因此行业从业者需要掌握一些基本的专业知识，怀着一颗感恩的心，培养良好的沟通技巧和敏锐的市场洞察力，打造一个学习型的团队，勇于迎接挑战去拥抱航运物流业的锦绣前程。

匆匆读完，掩书思益，是以为序。

周敢飞
厦门中远海运集装箱运输有限公司总经理
厦门市国际货运代理协会会长
2017 年 11 月 15 日

修订版序二

　　为好友黄伟明先生的著作《航运物流从业第一课》再版题序,甚感荣幸。伟明先生是我在工作中认识多年、令我十分尊重的同人,他平易近人、豁达开朗、善于学习、知识渊博,热心行业公益,积极探索行业的发展趋势,具有良好的职业素养。

　　今闻悉伟明先生编撰《航运物流从业第一课》,既惊讶又欣喜。惊讶的是伟明先生在如此繁忙的公司、社会团体工作中,尚能抽出点滴时间,结合专业工作中大量事务与案例深入思考,对航运物流企业管理要素展开细致的梳理和总结,为行业提供了良好的研究借鉴资料,实为难能可贵。欣喜的是伟明先生胸怀坦荡,分享数十年从业经验,为广大新生代职场人提供了难得的学习提升机会。

　　当前的中国大陆国际航运物流行业正面临重大转型时期,支持国际航运物流业持续高速发展的基础条件发生了重大变化。新时期新常态下,国际航运物流行业如何顺势而为良性发展,是非常值得探讨的课题。其中,中国大陆经济结构的调整、经济增长方式的转变、国际贸易便利化的趋势等因素,均对国际航运物流行业的未来发展产生深远的影响。此时,伟明先生以从事航运物流业数十年所积累的丰富企业管理经验,辛勤笔耕,无私奉献,撰写了极有参考价值的《航运物流从业第一课》一书,令人钦佩。书中的素材是伟明先生智慧的结晶,涵盖了企业文化建设、员工队伍培养、业务市场分析、行业发展趋势探讨等多个方面,内容丰富翔实,很值得业内同人细细品味。

　　值此新书再版之际,预祝各项工作一切顺利,并期待您有更多更好的专业著作出版。

李林海

上海市国际货运代理行业协会秘书长

2017 年 11 月 17 日

修订版序三

我和黄伟明认识多年，对他的评价就是自律、务实、责任，乃至优秀。我曾经对黄伟明任职的世邦国际企业集团董事长李健发先生说，黄伟明先生是我从业超过 26 年来见过的最优秀的职业经理人之一。

2016 年某日，听说黄伟明先生要出一本书。我早早收到了他以电子版形式发送给我的第一版书稿，并让我指导和斧正，我既惊讶又肃然起敬。多年来，我也写过不少文字，深知写作之不易。

第一时间阅读到书的初稿，我的感觉是，这是一本由从事航运物流业近三十年的职业经理人写的书，这是一本教书育人的职业入门培训教材，这是黄伟明任职世邦集运（厦门）有限公司十五年来从他的"每周一文"演变而来的企业内部必读书籍！难怪世邦集运的企业文化这么优秀、经营效益这么可期！

书出版后，我再次认真阅读了一遍，除了感受责任编辑的奉献之外，我的所思所想不仅仅来自书的本身。

我们每个人都有自己的使命，每个人都有自己人生的梦想。当我们朝着梦想一步步靠近并实现的时候，我们走过的心路历程都能在自己的笔下显现或披露。

诸君读这本书，可以读懂黄伟明先生。笔者推荐这本书，因为她有三个"度"。

高度。这本书命名为《航运物流从业第一课》,看似是一本写给从业者的1.0版书籍,但难能可贵之处在于,作者赋予了这本书一定的高度。作者在世邦集运工作超过十五年,作为一名职业经理人,他接受了来自台湾成功企业集团先进的经营管理理念并活学活用,在台企落地大陆并本土化的过程中,他立足两岸,以国际化的视野、精细化的管理,取得的不仅仅是骄人的业绩,还有骄人的管理。十五年的累积,玉蚌成珠,最终质变成了一套独属于他的企业管理体系,成为一本深受业界欢迎的"实用之学"。

广度。这本书的内容包含企业文化建设、职场素养、团队打造、部门领导人培养、营销技巧、航运物流知识等,涉及一个企业在经营管理当中的选人、育人、用人、留人等方方面面。作者是工作、生活中的有心人。一方面,他深谙用人和管理之道,用至善至美的态度,在企业管理中追求一种不求最好、只求更好的管理境界,这些在他的书中体现得淋漓尽致。无论是刚踏入航运物流领域的菜鸟新人,还是工作多年遭遇事业瓶颈的"老油子",或是在管理中陷入各种怪圈的中高层管理者,都能在书中见到各自的仁与智。另一方面,作者多年笔耕,各种灵感和事例随手"拈来",纵观全书每小节后面的延伸阅读,读之令人兴致盎然、深受启发、印象深刻。再比如杂谈章节,作者将笔触转到专业之外的职业礼仪、投资理财等,似是无甚关联,实则体现了作者为人处世的风范和格局,这是立言的根本,而这种宽厚和善良的态度,如同一盏心灯,点燃人们心中的火种。

深度。这本书还有感情的深度。作者在世邦集运工作十五年,书中始终贯穿一条对企业文化认同的感情线索。这种深厚的认同已经刻在了他的骨子里。正所谓,己所不欲勿施于人,己所欲之慎施于人。读者通过这本书可以看到一个成功职业经理人的感恩、反哺之意,这何尝不是最好的现身说法的典范与榜样!

开卷有益。读罢这本书,您可以遇见更好的自己,可以预见更美好的人生旅途,更可以进一步修行自己的人生价值。笔者希望每位读者都能从这本书中获得成长、获得进步。

在该书再版之际,尊嘱写下数语,是为推荐。

蔡远游

民建中央企业委员会委员、物流工作组秘书长

华瀚(上海)数据科技股份有限公司董事总裁

2017 年 11 月 13 日

初版序一

世邦国际企业集团中国大陆地区事业处海西地区总经理黄伟明（Johnny）出版新书《航运物流从业第一课》，邀请本人为其题序，能为优秀同人的著作写几句推荐语，本人甚感荣幸。

Johnny 系于 2002 年加入世邦，15 年来孜孜不倦地努力奋斗，深刻领会世邦的文化和经营理念，是一位领导特质非常鲜明的专业经理人。依个人长时间观察，他因具有洞察先机、塑造愿景、创新求变、沟通协调、自我反省、胆识担当、诚信正直等特质，所以他所领导的海西地区的企业，每年业绩评比都能拔得头筹，蝉联冠军。他是不可多得的人才，也是世邦集团最珍贵的财富。

Johnny 以其深厚的航运货代素养，专注研究现代管理书籍，尤其在厦门总经理任内，因职责关系，致力探讨企业经营与营销技巧，并按时对内发表"每周一文"，颇具宣教价值。现将多年累积的经验心得，抽空形诸文字，并收录一些管理与航运方面的信息，使得理论与实例相互印证，更易深入其精髓。他用简明直接的语言，呈现出简单有力的信念，以飨同人，是一本可读性很高，且非常实用的好书。本人于春节前得到《航运物流从业第一课》的校样，利用连续假期已先睹为快。

在这本书中,Johnny分享了他在世邦15年学到的观念、策略和技巧,并进一步把当年学习的成果,用多年来职场的经验加以检视、调整、更新,所以《航运物流从业第一课》是他15年来的心血结晶,这些"秘密武器"不仅适用于企业,更适用于我们的人生,可作为世邦集团内部培训暨同人进修的通用教材。

在知识经济的时代,如何善用知识,提升集团同人专业能力,并培育良好的企业文化,使其结合成最佳的组织战斗力,诚为当务之急。关于如何使企业达到"人尽其才"的目标,发挥企业潜在的竞争力,过去Johnny在其"每周一文"中已有诸多阐释,此次在本书中又做了系统的整理,必然可作为企业团队最理想思维模式的启发。

敢于追梦是企业领导人的基本动能,平凡与成功的差别就在于成功的人不忘初心,敢于追梦前行。Johnny著书立论,正应验了古人所说的"立功、立言、立德",也就是他已经从"立功"的战场升华到"立言、立德"的境界,实在令人钦佩。

值此本书即将付梓之际,谨缀数语,郑重推荐,敬祈共享之。

李健发

世邦国际企业集团董事长

2017年3月3日

初版序二

　　好友黄伟明先生邀我为他的新作《航运物流从业第一课》题序,伟明先生是我司在台湾地区总代理世邦国际企业集团的优秀职业经理人,我深感荣幸同时又颇为惊讶,我知道伟明先生工作繁忙,业绩斐然,我一直对他忠于职守、积极进取的职业操守,开朗豁达、勤奋好学的处事风格非常钦佩,只是很难想象他还有时间来写长篇大作,怀着好奇心,我阅读了他的样稿。

　　在书中,伟明先生将其数十年在航运物流业实践中摸索的经验体会和相关的专业知识整理成七个章节加附录约十五万字。本书对于新入职场的员工是很好的培训教材,即使对久经职场的老员工也是一部很好的经营管理参考书。

　　在当今市场经济环境下,企业间的竞争十分激烈,要想在竞争中胜出,关键在人、在团队,因此,如何选好人、用好人、培养好人、建设好团队,是个十分重要的课题,伟明先生在书中分享了他的经验,值得借鉴。

　　市场上企业管理类的书籍很多,但由企业管理者自己撰写经验之谈的不多,此书有此特点,值得一读。

徐秋敏

中外运集装箱运输有限公司总经理

2017 年 3 月 18 日

初版序三

我一直觉得自己是一位被老天爷特别眷顾与关爱的人。

从1989年大学毕业至今，我工作过的八家企业都是国内外知名企业，工作环境和待遇不错，更重要的是，我因此有机会从事国际物流、航运中的大多数工作，这些经历为我能在企业管理岗位上取得一定成绩奠定了坚实的基础。

在与朋友的聊天中，我们经常会谈起"60后"与"80后"、"90后"的区别。大家普遍认为，我们"60后"这一代的主要优点是：出生在国家最困难的时期，基本都吃过苦，所以惜福、感恩，并且懂得把握机会，不管是利用改革开放的大好机会发财致富，还是经过努力奋斗成为各领域的精英，包括企业的高层管理者，不少人成了改革开放时代的受益者。当然，"60后"这一代的不足之处在于，当我们步入职场时，正是国家改革开放之初，各行各业基本没有经验可循，从国家到地方，从企业到个人都在"摸着石头过河"，于是成功者有之，失败者也有之。

而现在的"80后"、"90后"虽然不像"60后"那样面临遍地的机会，但随着中国经济持续蓬勃的发展，年轻一代能站在巨人的肩膀上起步，更容易获得国内外先进的管理经验，知识学习、经验借鉴都很方便；有很多先行者、精英可以担任导师，年轻人可以跟随前行，可以少走弯路，有可能用比我们更短的时间取得成功，实现人生的梦想。

1994年后，因缘际会，我走上企业管理岗位。由于自己在学校学的是工科，所以业余经常自学管理知识，积极参与各种进修班来弥补自己的短板，提升自己的管理水平。2002年，我应邀加入台湾地区服务行业500强之一的世邦国际企业集团，并在集团授权下独立筹建厦门的子公司，负责经营、管理和发展业务。为了管好团队，我把自己所思、所想、所学的一些知识和经验利用"每周一文"的形式，与我的同事们分享。我的初衷是运用这种方式形成团队共识，培养团队的凝聚力和战斗力，以达到企业管理的目标，进而帮助年轻的同事用比我更短的时间去实现职场的成功。

一开始，我的同事并不理解我的用心，很多人认为我在说教，对我的文章敷衍了事，更有甚者直接将文章拉到邮箱的垃圾箱里。被我发现后，我当时的感觉很是沮丧，甚至想放弃；后来经过一些师友的指导，明白了企业文化建设、学习型团队的培养是一项长期艰辛的工程，并非短时间可以收效，必须长期坚持。因此，才下定决心坚持了下来。

宗萨钦哲仁波切写的这首诗仿佛是我这15年心路历程的真实写照：

你必须拥有很大的福德，
才能遇到那个把你唤醒的人。
事实上，即便你遇到那个把你唤醒的人，
你是否愿意醒也是个问题。
有很多人觉得睡觉更舒服。
有些人找老师并非为了觉醒，
而是为了睡得更舒服。

即便你遇到有伟大证悟的老师，

他也不可能魔法棒一挥你就证悟了。

因此你需要更大的福德，

你才能按他说的做。

你需要极大的福德，

才会在你的自我被挫伤的时候不会跑开。

不知不觉，一晃眼 15 年过去了，我的"每周一文"不仅在世邦集团内为众人所知，而且也成为两岸业界的佳谈之一。更令人欣慰的是，世邦集运（厦门）有限公司的企业文化建设取得了初步成效，人才队伍逐渐形成，业绩节节攀升并在集团内名列前茅，企业在厦门地区乃至大陆的航运货代业内享有一定的美誉。

为此，一些同事、朋友建议我把这 15 年来的"每周一文"整理成册，作为企业内训教材，也可以与同业分享，帮助年轻人成长。特别是 2012 年 11 月，我当选厦门市国际货运代理协会副会长兼秘书长之后，有更多的机会走进高校、企业举办培训、讲座，我的培训课件也是经常参照之前这些"每周一文"的素材经过提炼做成的，得到广大受训者的肯定和好评。

经过认真甄选、整理，终于成就本书，我希望青年读者可以从中受益。同时，也把此书当作我自己 50 岁生日的礼物吧。

黄伟明

2016 年 10 月

目　录

§ 第一章 §

企业文化建设

● 企业文化建设是一项长期艰巨的工作,企业领导者,特别是创始人一定要抱着打持久战的心态,持之以恒、坚持不懈地宣导、践行,才能形成自己独特的企业文化和核心竞争力。

● 企业的中层管理者一定要做企业文化的传承者、宣传者、实践者,这样的企业才能世代传承、永续经营。

● 企业文化再优秀也不能代替公司应有的各项规章制度,没有文化的制度是死板的,没有制度的文化是松散的。文化和制度,共同构成企业的向心力,两手都要抓,两手都要硬!

第1节　企业建设文化先行

2001 年 11 月是我职业生涯的一个重大转折点,这一年台湾地区服务行业 500 强之一的世邦国际企业集团准备到厦门设立分公司,我职业生涯中一个重要贵人把我推荐给时任世邦集团中国大陆地区事业处的有关领导,那时我才 35 岁,怀揣着一般年轻人都有的自己创业的梦想和激情；就在我犹豫之时，世邦中国大陆地区事业处的三位面试官来厦门约我见面了。刚一落座寒暄几句后，为首的中国大陆地区事业处原副总陈先生就交给我一个文件袋，里面有厦门分公司的营业执照、公章、钥匙等重要物品，他对我说："黄先生，厦门公司就交给你了！"并就未能给我总经理头衔一事表示道歉。（台湾公司对待头衔是比较严谨的，一般分公司的领导人只给予经理头衔。）

我接过这沉甸甸的文件袋，心里除了感谢世邦对我的信任之外，还感到十二分的好奇：这是一个什么样的公司？对一个素昧平生的大陆人怎么会这么信任呢？于是，我开始潜心去研究它的背景、历史和文化。

世邦国际企业集团成立于 1980 年，其前身是台湾航运界前辈非常熟悉的"敦那士台湾股份有限公司"，由李健发先生、阮文钦先生、阙壮兴先生联合创办，在台湾经过 30 多年的奋斗，现旗下拥有海空运承揽、船舶代理、船舶管理、国际复合运输及国际物流等事业处，专业经营三十几年的国际复合运输经验和持续稳健的发展，让世邦多年荣膺《天下》杂志台湾地区服务业前五百大企业的殊荣，更于 2011 年成为台湾地区第一家通过"海关"AEO 优质企业认证的物流货运承揽企业。

集团董事长李健发先生目前担任台湾地区船务代理商业同业公会联合会理事长、台湾地区海事仲裁委员会仲裁委员、台湾全球运筹发展协会副理事长等职务。如今，世邦集团在全球拥有 30 多个分支机构，员工超过千名。

世邦集团早在 1994 年就顺应两岸和平发展的大趋势开始进军大陆地区，陆续在大陆沿海及内陆各主要口岸建立分公司和办事处。为了使集团基业长青，世邦集团的管理层一直探索企业在航运物流业上下游的延伸发展，走实业化、产业化的道路,近年来分别在台北、高雄投资兴建物流仓储配送仓库,为世界级的广大客户提供高效、准确、及时、贴心的专精服务。

世邦集团更于 2013 年成立旗下独资的船公司"世邦海运股份有限公司",目前拥有四艘集装箱船、一艘散货船,并陆续在日本、韩国订造新船。难得的是,世邦海运股份有限公司于 2015 年获准从事台湾海峡间集装箱班轮运输业务,成为名副其实的集装箱班轮经营业者。

世邦集团的企业文化:"忠"＝忠于职守、"义"＝义及同人、"勤"＝勤从公事、"诚"＝诚以待人、"俭"＝俭而养廉。

世邦集团的愿景:成就人的事业,让同事乐在工作、追求卓越,以人性化的企业精神组建坚强团队,以坚强团队提供全面且贴心的物流服务。

世邦集团的使命:成为世界一流的第三方物流服务供应商。

世邦集团的经营理念:创新求变、特优服务、迈向国际、世代传承、永续经营、利润分享。

未来,世邦集团将透过海陆空运的整合,配合"放眼国际、布局全球"之积极策略,致力成为卓越超群的整合型物流业者。

经过认真学习世邦集团的企业文化并在工作中逐渐实践领会,我深深地爱上这个集团,暗自下决心一定不能辜负集团领导的信任,要在世邦这个大家庭里做出自己应有的贡献,并实现自己的职业梦想——成为一名卓越的职业经理人。

从 2002 年厦门分公司成立开始,第一年厦门分公司就实现盈亏平衡,后来逐渐成长,自 2006 年开始,厦门分公司一直蝉联世邦集团中国大陆地区事业处业绩第一名,而本人也从厦门分公司经理晋升为大陆地区事业处海西(海峡西岸)地区总经理、集团物流事业群经营常委会常委(五位常委中唯一一名大陆籍干部)、世邦海运股份有限公司大陆地区首席代表。

不太熟悉我的人,第一眼看到我都会误以为我是台湾派来的干部,都会问:"黄先生您老家是台湾哪里?"每逢这个时候,我们李董事长就会幽默地替我回答:"黄伟明是世邦派到大陆50年的干部!"这一幕总让我深刻地感悟到企业文化神奇的力量:经过15年的熏陶,我的血液已流淌着世邦的文化精髓!我一直用世邦的经营理念指导着我的日常工作,并不遗余力地传承下去。2013年,我在繁重的工作之余主动请缨在厦门成立世邦集团培训中心,由本人出任中心主任,立志为世邦集团培养更多德才兼备的"世邦人",相信有这样深厚的文化底蕴,世邦集团一定能实现董事长铸造百年老店的美好心愿!

第 2 节　企业文化的建设是一场持久战

企业文化是指企业在长期的经营活动中形成的,被全体成员普遍认可和遵循的,具有本组织特色的价值观、团体意识、行为规范和思维模式的总和。所谓的"一方水土养一方人",一家优秀的企业经过多年积累而沉淀下来的文化一定是有价值、稀有、不可复制和不可替代的,是企业具备长期竞争优势的源头活水,是其他企业"山寨"不来的!

多年以来,世邦国际企业集团李健发董事长除了身体力行地践行集团的企业文化和经营理念,还一直教导各级干部一定要用"三心二义"的观念(为人处世细心、用心、爱心;对客户伙伴讲道义、对同事讲情义。)来作为自己工作、生活和学习的指南。本人加入世邦 15 年，一直自诩为世邦文化的播种者、宣导者和实践者，在不同的场合及多年坚持的每周一文中一再强调这些观念，在新员工入职培训的第一堂课一定要亲自宣讲世邦的基本情况，让员工知道在为一家什么样的公司打拼，创始人是谁，公司有什么样的历史和优良传统，他们在这样的公司奋斗能实现自己什么价值等。在组建厦门、福州、汕头团队的时候，每到一站我都会考员工："世邦的文化和经营理念是什么？"同人答对我就给予奖励，希望以此来鼓励同事学习、了解世邦企业文化的积极性。

十几年过去了，本以为至少在我管理下的团队，主管们应该对"三心二义"、世邦的企业文化（忠、义、勤、诚、俭）、集团的经营理念"创新求变、特优服务、迈向国际、世代传承、永续经营、利润分享"等都熟记在心，倒背如流。但是，当 2016 年初，集团船舶管理事业处陈特助来厦出差与同人餐叙时，陈特助谈起他钦佩董事长提倡的"三心二义"理念，并询问在座厦门世邦干部其具体内容的时候，在座的两位干部竟然支支吾吾，磕磕巴巴无法答全，实在让我颜面尽失。这让本人领悟到企业文化建设是一场持久战，一定要持之以恒地坚持下去才会有成果！

2016 年，借由厦门本部制作员工工作牌的机会，我把集团文化和经营理念印在工作牌的背面，希望大家能熟记这些理念并将其融会贯通，成为自己的价值观和职业观，然后不折不扣地去执行去指导自己的工作、生活和学习，凡在抽查中回答不上集团企业文化基本概念的员工是要受罚并计入年终考核记录的。

我一直坚信，企业文化对于培养员工的归属感、荣誉感、主人翁精神有着重大的作用，管理者想要高效顺畅地管理好团队，一定要善于运用企业文化这个最强有力的无形力量。

第3节 如何成为践行企业文化的先锋

2015年，中信出版集团出版了一套关于重新定义企业管理的丛书，包括《重新定义管理》《重新定义团队》《重新定义公司》等。

其中《重新定义公司》（*How Google Works*）是由谷歌掌门人埃里克·施密特所著，而《重新定义团队》（*Work Rules*）是由谷歌首席人才官拉斯洛·博克跟大家分享谷歌的人力运营经验。

我利用2016年元旦假期和在台湾、广东、福建出差的半个月时间把这几本书浏览了一遍。

谷歌之所以连续多年被评为全美最佳雇主单位并且成为全球最成功的电子科技公司之一，完全取决于它的企业文化——"使命、透明和发声的权利"，以及由文化而塑造的企业战略。公司高管通过聘用比自己优秀的人，设立大家共同的愿景和目标，制定公平公正合理的薪酬体系和奖励制度等来实现企业的飞跃，在此前提下，管理者最主要的工作就剩下清除路障和鼓励团队了。让每个员工都像"创始人"一样去工作，企业还有不成功的道理吗？

这些理念其实在我还没看这些书的时候，就在我的"如何成为部属愿意追随的主管"的培训课件中跟大家分享了，但这两本书让我的信念更坚定，书中的论述更坚固地支撑了我的观点！

我一直感念世邦集团有非常优秀的企业文化（忠、义、勤、诚、俭)和经营理念(创新求变、特优服务、迈向国际、世代传承、永续经营、利润共享),本人也一直在不遗余力地做世邦文化的播种者、宣导者和践行者,但一家企业的文化要深刻植入员工之心,除了创始人的宣导和榜样之外,关键还要靠公司高管、中层,特别是分公司经理人的领会和传承,所以本人一再呼吁各地分公司经理人一定要深刻领会世邦的文化,并成为践行此文化的先锋和模范,这样你的团队才能成为真正有世邦血统的世邦铁军!

本人模仿谷歌分别针对员工和经理人的问卷调查在各分公司做了摸底,以作为年终考评的一个项目,详见本节的"延伸阅读"部分。

> **经理人自省的8个氧气项目特性**
> 1.做一名好的导师。
> 2.给团队授权,不随便插手下属工作。
> 3.表达出对团队成员的成功和个人幸福的兴趣和关心。
> 4.高效/结果导向型。
> 5.善于沟通——聆听和分享信息。
> 6.在职业发展方面助力团队。
> 7.对团队有清晰的愿景和战略。
> 8.具备重要的技术技能,可为团队提供建议。

◉ 延伸阅读

向上反馈调查问卷

★请在以下的对应项中打"√"或打"×"

1.我的经理给我可行的反馈意见,帮助我改善绩效表现。

2.我的经理不会随便插手我的工作(例如介入不应由其负责的细节问题上)。

3.我的经理会从人性角度出发体谅我。

4.我的经理使团队将注意力集中在最重要的目标结果/工作成果之上。

5.我的经理定期分享他/她的上级经理和领导给出的相关信息。

6.我的经理与我就过去6个月的职业发展情况进行过有意义的探讨。

7.我的经理会明确向团队说明目标。

8.我的经理具备高效管理团队所需的专业技术能力(比如财务部门的经理懂会计学等)。

9.我愿意向其他世邦人推荐我的经理。

(可选)补充:

所属部门:

日期:

第 4 节 规章制度是企业基业长青的坚实基础

很长一段时间以来,我一直在思考,服务贸易型的公司管理是靠同事自动自发、自觉自律、自我管理好,还是靠严明的纪律、规范的制度来管理好。

众所周知,我一向是推崇员工自我管理的,因为我一再说过,我们做服务贸易行业的只有上班时间没有下班时间,所以就不要在上班时间对员工太苛求,相信每个同事都有责任感和使命感,只要手头有事一定会牵肠挂肚直至完成为止。这是为什么厦门分公司是集团内唯一没有设打卡机,只靠每周一次抽查考勤记录的公司的原因(要发全勤奖,一定要有考勤记录的);而本人也以身作则,只要我人在厦门,不管前一晚应酬到多晚,第二天一定准时八点半到公司上班,15 年坚持至今。

但是这几年,我的内心开始纠结了,公司后勤保障团队像操作、单证、财务人员,都能一如既往地严格遵守公司的规章制度,因为他们的手头、心头有放不下的事,有时还自动在节假日来公司加班而不计报酬,倒是一些相对灵活的岗位,如业务、市场、项目小组等的人员,即使我们每周只抽查一次,但每次考勤名单上迟到的人基本上总是那几个!有些业务员外出拜访客户,就不回公司签退了,也不跟主管打招呼,甚至有些同事每周都要非常有规律地请没有合理理由的事假。

如何在体现公司人文关怀的文化的同时,在既能激发员工主动工作的激情又能让他们遵守公司规章制度之间取得一个合理合法的平衡呢？

这几天（2016 年年底），网上流行大陆名嘴白岩松在他所著的《白说》一书中的一篇短文，观点是如果一个企业开始强调考勤或打卡，那证明这个企业开始在走下坡路了！

一时间大家都在转载这篇文章，但白岩松论点的前提是所有员工都能自觉自律、自动自发地把组织的目标当作自己的目标，全身心地投入到工作中，大家的劳动时间反而更长，劳动强度反而更大，对于报酬却是不计较的！你们能做到吗？——这就是一种信仰的力量！

所以，在不是所有同人都能自觉自律、自动自发的时候，还是要靠一套符合企业文化的合理合法、公开透明、公平公正的规章制度，才能保证公司日常运营健康稳定、公平合理。

其实，要成为自觉自律、自动自发、自我管理的优秀员工并不难，基本方法就是根据公司的资源和发展策略，与上级主管确定双方可接受的奋斗目标（短、中、长），然后没有任何借口、想尽一切办法去实现这个目标，兑现对组织的承诺！如果我们的每个员工都做到这一点，公司还需要打卡和考勤吗？

也许有的同事会说："说得容易做得难！"

可是在我们身边就有这样活生生的例子——厦门国际贸易部的郭海地经理就是这样一个自觉自律的优秀职场人，他的方向非常清晰，目标非常明确，他非常清楚自己追求的是什么，为了实现这个目标自己该干什么！加入世邦的 5 年里，他坚持在每个月的 5 号之前给我上个月的月度报告；出差一定有出差申请，基本上都是在归程的飞机上给我写出差报告，归建后的第二天，报告已呈交到我的信箱。而且，郭经理这三年的业绩都蝉联中国大陆地区事业处第一名！更难得的是，郭经理虽然这么忙，但是每个周末只要没有出差就回翔安老家看望父母，帮老人家做农活,像这样的属下,还需要要求他打卡签到吗?难怪董事长表扬郭经理是世邦的楷模,号召集团所有同人向他学习!

👁 延伸阅读

1.《最好的领导什么样?》(白岩松著:《白说》,长江文艺出版社 2015 年版)

2.《公司制度谈:好的公司制度》

公司制度谈:好的公司制度

轶名

好的公司制度,至少要体现在以下五个方面:

1.制度要有公开性。制度应该系统、规范和科学,要结合标准化的工作流程和严格的管理要求,才能有效地约束、规范和激励每一个成员。要通过最直观的方式让员工知道自己应该和不应该做什么以及如何去做!

2.制度要有权威性。不论晋升、涨薪、奖励、考勤、权责还是惩戒等制度,一旦确定下来就不能随意更改,更不能因人而异。若要修订,也要保证每个员工知情甚至邀请部分员工参与。

3.制度要有相应的考核和奖惩措施。团队成员有目标有计划,才能保证个人能力的有效发挥。考核和奖惩制度,让员工能够按章办事,制定自己的职业规划,能够自我约束言行举止,维护公司和个人的声誉。

4.制度要与文化相结合。单一的制度只是一个框架。真正能发挥员工创造性的不是框架,而是理念。企业的价值观能够激发员工的使命感,从心理上给员工带来归属感。没有文化的制度是死板的,没有制度的文化是松散的。文化和制度,共同构成企业的向心力。

5.制度要依靠有强大执行力的领导层。这里的执行力不仅指员工的执行力,还有领导层的执行力;这里的领导层不仅是老板,还有中层主管。领导层不仅要保证制度的可执行外在条件,还要有自己身体力行的决心;领导层不仅要有战略眼光,制定目标,更要保持下属的积极性,培养下属的能力,才能保持目标和行动的统一,实现组织的高速有效运转。

(转自微信公众号"北平说说")

第5节　做一家有社会责任感的优秀企业

世邦国际企业集团在李健发董事长、阮文钦副董事长、阙壮兴董事的英明领导下,36年来一直倡导着"忠、义、勤、诚、俭"的正向企业文化,更于2008年本着"取之社会,用之社会"的感恩理念,成立世邦国际慈善基金会,专门培育后继青年学子,慰问孤苦无依老人,散播爱心到世界各个角落;每年在台湾,世邦集团都会举办定期的贫寒学子奖助学金颁发仪式,台湾媒体都给予大量、肯定的报道。

◉ 延伸阅读

世邦慈善清寒家庭学生奖学金昨举行，52名学生受惠

世邦国际企业集团所属"世邦国际慈善基金会"主办今年年度第一次"清寒家庭学生奖助学金"颁奖，于昨(23)日在该集团举行，该集团副董事长阮文钦及阙壮兴亦同时出席；此次，台湾地区船务代理商业同业公会联合会及优捷国际运通共襄盛举，并赞助金额捐赠基金会支持该义事活动。

董事长李健发在会中致辞表示，世邦集团成立基金会迈入第八年，八年来基金会除了清寒家庭学生奖助学金帮助许多品学兼优的学生外，在急难救助方面，近年来通过"各社服中心转介个案"，该基金会都尽可能以有限的资源来支持帮助！该基金会帮助学生奖助学金，由原来40个名额，今年已增加到52个名额，而基金会尽可能精简其他费用，百分之八十九都用在奖助学金上帮助清寒学生，无非是本着"回馈社会，照顾弱势，让爱继续"的企业精神，取之于社会用之于社会。除了集团资金大部分的注入外，同时，也要感谢基金会同人在工作之余的无私贡献，尤其，同人们还纷纷慷慨解囊帮助基金会达成社会

爱心的奉献,并帮助学生们安心读书,顺利完成学业。此次获得奖学金的学生,大学有贾宜臻等27位,每人颁发奖助学金新台币15 000元。高中有廖千莹等25位,每人颁发奖助学金新台币8 000元。合计大学27名、高中25名,总计52名学生。

活动开始,基金会向学生及家长们播放由该集团多元化的经营成果制作而成的影片以及多年来基金会的成果报告,并邀万华社服中心、信义社服中心、大安社服中心、内湖社服中心、体惠育幼院当场见证。

（台湾《新生报》航运版,2016年3月24日）

本人体念集团的文化精髓,考虑到中国大陆地区事业处在大陆的员工可能会由于天灾人祸,遭受各种不可抗拒的意外伤害或损失,作为一家以人为本的有社会责任感的企业应该为我们的员工伸出世邦的友爱之手,献出我们的关爱之心,提供力所能及的帮助和保障,因此,从2011年11月开始仿效集团总部,在厦门成立世邦集运慈善基金,专项关爱慰问我们公司的员工及其直系亲属。

在大陆,世邦集运和世明船务代理多年来一直践行社会公益责任,除了积极参与汶川地震等自然灾害的捐助,每年都会积极参与由厦门市慈善总会举办的"慈善年夜饭"认捐活动。2016年重阳节,厦门市老年基金会筹资兴建爱心护理院扩建工程,世邦国际企业集团旗下世明船务代理（厦门）有限公司及本人也尽微薄之力共襄盛举,公司希望借此活动,向社会传递正能量,向老年长辈们传递关爱。本人也有幸在2016年被厦门老年基金会评为"厦门市助老之星"。

一家优秀企业在稳健发展、获取合法利润、保障员工福祉和股东利益的同时,也必须承担一定的社会责任,传递正能量和人文关怀,这对于提升世邦品牌的知名度和美誉度,获取客户和合作伙伴的信任等方面,都有积极的作用。可以说,企业参与慈善公益活动也应是企业文化建设和企业战略的一部分。

我相信,从自身做起,带动周围的亲朋好友坚持投入公益慈善事业,世界一定会变得更美好。

第6节 培养接班人

世邦集团李董事长曾在集团园地发表了标题为《培养接班、世代交替》的专论,阐述了集团为了贯彻永续经营、世代传承、利润分享的经营理念,为了培养年轻一代的管理人才,特别在世邦国际物流事业群成立了经营企划委员会及常委会,让青年才俊参与集团的经营管理,实现企业世代传承的梦想。本人荣幸地被甄选为集团物流事业群经营常委会5名常委之一(且是唯一一名大陆藉常委),在深感荣幸的同时,也备感责任重大。

管理海西十五年,特别是近五年,本人其实花了相当一部分的时间和精力在挖掘、培养、训练未来的接班人上。我也希望我们的部门和分公司主管,不仅自己要做自燃型的主管,而且要把自己的团队打造成自燃型的集体,由此,我们的人才才会源源不断地涌现,世邦的百年基业才会有一批德才兼备的接班人。

那么,什么样的人才是合格甚至优秀的接班人呢?首先我觉得应该是"德才兼备，德字当先"。在当今世界，能力出众的人比比皆是，但德才兼备的人少之又少，特别是在我们这个行业，经常听说某些业务能力出众的所谓业务精英或经理人假公济私，损公肥私，内外勾结，搞利益输送，甚至结党营私，侵吞公司财产，给所在公司造成巨大损失，所以接班人，尤其是当政一方的分公司主管一定要具备忠诚、诚实、正直、廉洁的杰出人格，能力欠缺一点，我们还可以加以培训和辅导，但品格基本是很难教导的。

其次，中层管理者在组织中起着承上启下、上传下达的桥梁作用，既要满足上级的要求，又要成为直接部属的学习榜样，因此必须具备很强的沟通、协调和执行能力。合格的接班人应该能很好地理解和体会集团、公司高层的文化、理念和指示，接受上级的指派，不折不扣地执行集团、公司制定的战略、方针和政策，同时要发挥高超的沟通技巧向部属宣导集团、公司事业的目的和意义，并取得大家的认同和支持，然后发挥部属的主人翁精神，集思广益地共同制定相应的，与组织愿景、目标一致的团队目标以及实现这个目标的行动计划，最后带领团队没有任何借口地付出不亚于任何人的努力去实现这个既定目标。

再者，合格的接班人应该有宽阔的包容胸怀和严格自律的坚强意志。人无完人，管理者要用欣赏的眼光去看待部属的优点，用包容的心态面对部属的缺点，而且要通过培训和辅导，让部属改正缺点和不足，在组织中实现个人素质的提升。世界管理大师彼得·德鲁克说，如果管理者能充分发挥人的长处，就能使个人目标与组织需要相融合，就会对外界的优秀人才产生巨大的吸引力，内部既有的人也将获得更大的激励，做出更大的贡献。

彼得·德鲁克还说，管理者能否管理好别人从来就没有真正验证过，但管理者却完全可以管理好自己。管理工作在很大程度上是要身体力行的。因此我不断地跟公司主管们强调"榜样的力量是无穷的"，你想要部属成为什么样的人，自己就要先成为那样的人，这就需要坚强的意志和毅力。

最后，合格的接班人要保持与时俱进的学习精神并具备创新求变的创造能力。大多数的基层管理者是看天吃饭、等米下锅，这样的经理人无法满足当今激烈竞争的残酷环境对经理人的要求。合格的接班人应该要随时随地、与时俱进地向同行精英们虚心讨教，通过不断的实践，用创造性的思维来解决本行业存在的难点痛点，实现组织的可持续发展态势。

正如本人在 2008 年美国次贷危机爆发从而引发世界经济危机时，就预感到身处国际贸易链一环的航运物流货代业不可能独善其身，一定会受到波及。因此从 2009 年就开始积极延伸产业链的上下游，从国际贸易和项目物流入手，成立了独立的国际贸易部和大件物流项目部，当 2012 年中国航运货代业受到世界经济危机严重影响而出现萧条低迷状况时，厦门世邦却因为未雨绸缪提前做好准备而保持稳定的发展。

日本经营之神稻盛和夫先生的系列丛书之一《创造高收益》，在第二集的最后一章给出优秀领导者的标准答案——领导者的十项职责，希望大家能持之以恒地以此为标准要求自己，努力提升自己，那么假以时日，你们一定可以成为一名杰出的领导者、组织不可或缺的接班人。

◉ 延伸阅读

《领导者的十项职责》（稻盛和夫：《创造高收益》，东方出版社 2010 年版）

§ 第二章 §

如何赢在职场起跑线上

● 如果你想赢在职场,把赢字拆开:

1.要有危机意识——亡;

2.要懂得沟通——口;

3.要管理好时间——月;

4.要懂得理财——贝;

5.要有平常心——凡。

● 最近我在《精要主义》这本书学到什么是"WIN"!

WIN= WHAT'S IMPORTANT NOW?

把有限的时间和精力用在当下最重要的事情上,你就会成功!

● 好工作的标准应该是一份可以让人持续成长、累积实力的工作;可以是薪水少但学习多的,却不可是薪水多学习少的工作。

● 留下或离开,评估的标准应该是公司的前景而不是人际关系或薪资待遇。

● 成功不能以财富和权势为评判标准,而要看你身边的亲人、朋友、同人有没有因你的存在而感到幸福感到骄傲!

第1节　信誉是最大的资产

"忠于职守、诚以待人"是世邦集团所倡导的企业价值观之一,在每次新员工入职培训的第一堂课上,我强调的重点都是做人要有职业道德!

在一个行业里要成就一番事业,首先要讲诚信,树立自己的个人品牌,同时脚踏实地、勤勤恳恳努力工作,通过不断的学习来充实自己,总有一天,是千里马的你会被伯乐发现并从此一跃千里。反之,如果急于求成,投机取巧,虽然有可能成就一时,但终究要付出十倍的代价来弥补由此造成的对自己名声的损害! 因为没有人愿意跟一个不讲诚信的人长期打交道。

我职业生涯的偶像是日本"经营四神"中目前唯一健在的稻盛和夫先生。他 27 岁创立了京瓷株式会社,52 岁创立了 KDDI,78 岁应日本政府之请出马接管了濒临破产的日本航空,并在一年之内使其扭亏为盈。一个人一生创立两家世界 500 强企业,挽救了一家世界 500 强企业,放眼全世界只有稻盛和夫一人。他提出了一个获得成功的方程式:成功＝人格・理念(－100～100)×能力(0～100)×努力(0～100)。

人格・理念的含义:思考方式可分为两个侧面。

正面的:忠诚、公正、诚实、开朗、勇敢、谦虚、善良、克己、利他等。

负面的:不正、伪善、卑怯、傲慢、任性、浮躁、妒忌以及自我中心等。

无独有偶，前思科中国区总裁林正刚先生，也提出了一个类似的方程式：能力＝心态×沟通×知识

心态是思维习惯的结果，心态决定一切！要养成健康的思维习惯，要用一个健康的心态去面对一个不太理想的环境，这就是成功的秘诀！

一个人的能力再强，如果他（她）缺乏正确的职场价值观，没有端正的心态，那他（她）的能力越强，给企业带来的伤害就越大。所以我们一再强调组织选择人才的标准是"德才兼备、德字在先"。

● 延伸阅读

最大的资产是信誉

轶名

李嘉诚的良好声誉和稳健作风，使他成为著名国际公司的合作对象。他总是能够洞烛先机，利用各种机会与客户建立长期的互惠关系，而不向短期暴利着眼。李嘉诚除了与客户建立平等互利的商业关系外，还十分重视与客户保持真挚的个人关系，从而使双方获得深切的了解和紧密的合作。

李嘉诚曾经决定把他所持有的香港电灯集团公司股份的10％在伦敦以私人方式出售。在计划进行的过程中，"港灯"即将宣布获得丰厚利润的消息，因此他的得力助手马世民马上建议他暂缓出售，以便卖个好价钱，可是，李嘉诚却坚持按照原定计划进行，李嘉诚很认真地说："还是留些好处给买家吧！将来再有配售时将会较为顺利。而且，赚多一点钱并非难事，但要

保持良好的信誉才是至关重要和不容易的。"

对于这一点,《远东经济评论》的评论家曾经非常精辟地说:"有三样东西对长江实业至关重要,它们是名声、名声、名声。"

在加拿大投资赫斯基石油之后,李嘉诚的名字在加拿大已家喻户晓,一些与李嘉诚合作的香港乃至国际上的大财团首脑都高兴地说:"我们都很信赖李嘉诚,李嘉诚往哪里投资,我们就往哪里投资。"

李嘉诚由一个贫穷的少年到成为世界级超级巨富,他的成就的取得可以说是必然的。这种成功的必然,在于他一直拥有的锐利而长远的目光,他开朗的性格,豁达豪爽、义字当头的气概,待人以诚、执事以信的品德,对问题深思熟虑后迅速做出果敢决定,并锲而不舍地去实施一切计划的能力。

无论是过去还是现在,李嘉诚身边的人总是异口同声地说:"他有先知先觉的判断力,超人的魄力和干劲,极强的进取心。他今日的成就,全部都是由自己的双手和头脑创造出来的。"

"李嘉诚的发迹靠的是'诚',李嘉诚最大的资产也是'诚'。"

李嘉诚金言:一般而言,我对那些默默无闻,但做一些对人类有实际贡献的事情的人都心存景仰,我很喜欢看关于那些人物的书。无论在医疗、政治、教育、福利哪一方面,对全人类有所帮助的人,我都很佩服。

第 2 节　企业需要有责任感使命感的员工

什么是人的使命感呢？所谓使命感,就是对人生使命的认识。或者说,就是一个人对自己的使命的认识。这种认识越好,他的使命感就越强烈。那么,什么是人生的使命呢？就是人的责任与义务。一个人,来到人世间,是有自己的责任与义务的,包括对家庭对事业还有对社会的责任与义务。所以,做人就必须要有使命感。

我经常关心身边的年轻人是否谈婚论嫁,我教给他们的择偶标准就是看对方有没有责任感,主要体现在三个方面:一是看对方孝不孝顺父母,如果一个人连父母都不孝顺你还能托付终身吗？二是看他对公司有没有责任感,是献身工作还是整天迟到早退,吊儿郎当;三是对方能不能在力所能及的情况下对社会做一些贡献(比如参加一些公益活动)。如果一个年轻人具备以上的优秀表现,那即使他/她目前还只是默默无闻的基层员工,也可以把他/她作为绩优股珍藏起来,不用多久他/她一定会让你有丰硕的回报的。

但,遗憾的是,许多人对自己的使命不仅意识不到,甚至不知道自己应该有使命。正因为这样,这些人往往缺乏做人的激情与动力,缺乏做人的责任心与感恩精神。

一个人必须要明白自己这一生要承担怎样的使命,这些使命对于自己人生的意义是什么;人应该通过怎样的努力,以怎样的实际行动去实现自己的使命。如果有了这样的思考,就会形成一种认识,这种认识就是使命感。一个人就应该在这种使命感的指导下,完成自己的使命,实现人生的价值。使命感是人的内在的永恒的核心动力。一个人的使命感越是强烈,那么他的人生希望也就越强烈,他的工作激情与生活热情越强烈,他的人生责任感也越强烈。有强烈使命感的人,是一种自觉的人,是一种奋斗的人,是一种百折不挠的人,是一种任劳任怨的人,是一种坚强不屈的人。

做人,必须要有使命感。一个人如果对客观存在的使命缺乏足够的认识,没有使命感,那么,这样的人就不会真正懂得人生的意义与价值,也不会承担起做人的责任与义务。没有使命感的人,是可悲的人;没有使命感的人生,就是行尸走肉的人生。有使命感的人是不需要被管理的人,他(她)有自己清晰的人生目标和实现这个目标的澎湃动力。

◉ 延伸阅读

《我们需要有使命感的人》(严旭、屈波著:《我奋斗在最残酷的战场上》,中信出版社 2011 年版)

第 3 节　永远都比老板要求的多做一点

世邦的企业文化是希望培养每个员工,特别是管理干部成为自动自发去追求自己人生奋斗目标的优秀人才。比如我,集团董事会每年把对我的要求和要我达成的目标下达给我,就不再轻易干预我的任何行动和策略,只是在我身后默默给予支持和指导,这个时候,我就需要按照老板们制定的目标,很好地来规划行动计划和管理战略,对我的使命负完全责任而没有任何借口!跟我在一起工作的同事应该能感觉得到,我做事比较有计划和章法,会走在计划的前面而不是被动地让事情推着走,这样做起事情来才会觉得从容不迫,一切尽在掌握之中。

那种经过一番努力后取得项目成功、达成组织目标的感觉是非常美妙的,我希望我的同事们每天都能体会和享受这种感觉!因此,我每管理一个新的分公司时,一定要先制定好公司的规章制度和员工的岗位职责,要让每个员工都清楚自己的职责所在、公司及自己的奋斗目标为何,然后大家一起努力去创造:怎样做得比主管比公司要求做到的更多更好!

我经常强调:我们的同事不要只满足于做合格的员工,一定要超越自己做优秀的员工!这听起来很遥远很虚幻,但实际做起来并不难,就像以下我推荐的职场文章里说的那样:"永远做得比老板要求的更多,以比老板更高的标准来要求自己。"如果能一直以这种心态来从事自己的工作,相信你已经离成功不远了!

◉ 延伸阅读

要五毛,给一块

轶名

杰克·韦尔奇说,员工对老板要 over deliver,就是永远要做得比老板要求的更多,这样自己就学到更多,也会让老板更放心托付。

一个"小朋友"辞职，因他表现良好，辞职令我意外，于是约来一谈。他告诉我，他每天都处在高度的压力下，每天都被工作、被主管的要求压得喘不过气来。他感觉就好像背后有一个大的巨轮，不断地向他逼近，他不得不快速前进，可是稍一不慎，步调稍慢，巨轮就从他身上轧过，几乎每个月要被轧扁一次，这样的工作压力太大，他承受不了，只好逃离！

我告诉他，我觉得他表现不错。他苦笑说，那都是勉强出来的，长期下去实在痛苦不堪，他觉得赶不上公司、组织与主管的要求！

听了他的说法，我十分遗憾。因为从能力、从学历、从工作结果来看，他都是好同事，都是值得培养的新秀，但是他自己走不出心中的魔障，缺乏正确的认知，以至于陷落在工作的深渊！

我尝试换个角度点醒他：就算背后有个巨轮，压迫你，催促你，但那些都是你要做的事，你为什么不换个角度，不要走在巨轮的前面，而是走在巨轮的后面，由你去推动它，要快就快，要慢就慢；由你来决定速度，由你来决定时间，这只是转个念头、转个态度而已！

我进一步解释，只要你自我要求的节奏、标准改变，就可以做到。如果组织的要求比你自我的要求高，如果主管的要求比你的自我要求严，你就被组织、被主管的节奏推着走，你就落入别人的掌控中。反之，如果你有更高的要求标准，比组织严、比主管快，那你就应付自如。

事实上，这是我从工作第一天就学到的经验。主管叫我拜访三个客户，我知道我笨，我决定拜访五个，以弥补自己经验的不足。主管叫我三天后交报告，我怕写不出来，我决定早一天写好，以免到时候抓瞎。也就是因为这样的态度，我几乎没有看过主管的脸色,虽然工作的质量未必被奖励,但至少不至于因为工作完成不了而被骂!

"比老板更高的自我要求标准",变成我最重要的基本工作法则,一开始并不是为了要有好的绩效,只是为了免于挨骂。但久而久之,我逐渐发现更大的好处,那就是"更高的标准"会让自己更快进步,也会因此得到老板信赖,而且可以拥有更大的自主空间。

因此,要了解组织的要求,摸清老板的习性,将其变成我的习惯;老板急,我更急;老板快,我更快;老板严谨,我就更注意细节、更小心;老板气派恢宏,我就更大处着眼、挥洒自如。老板说要省五毛,我就设法省一块。这种"要五毛,给一块"的工作逻辑,让我永远不会变成被检讨的对象。

这个"小朋友"能否"顿悟"这个"更高标准"逻辑,我不敢说。但我看他眼睛闪烁着光芒,我知道他有所体会。当然我知道,这个"更高标准"的想法,不只是想法,更代表着你要有决心和毅力,也需要更聪明的做法。只要想通这一点,再加上尝试与实践,一切就会改变了。

(https://zhidao.baidu.com/question/196839832.html,2010-11-11)

第4节　如何树立正确的从业观念

随着世邦集团经营规模和范围的不断发展和扩大,我们的团队一直在壮大,其中不乏一些应届毕业生或社会新鲜人。

回顾这十多年的历程,为什么有的同事随着公司的发展而不断成长并得到晋升,成为公司的骨干或主管,实现了自己的人生职业生涯规划;而有些人却还在原地踏步,甚至还有些人被公司淘汰呢?

最近网上疯传的两则短文非常精辟地剖析了这个问题:处在同一起跑线的同学,经过三年时间,不同的处事风格和态度就让他们拉开了差距,再过5~10年就是天壤之别了。

所以,我一再告诫各位新员工,初涉社会一定要不计报酬、不求回报、脚踏实地、注重细节、负责努力,出色甚至超额完成领导、上级交办的任务。那么,天道酬勤,初看吃亏的你,假以时日后定会得到老天爷的垂青,得到意想不到的回报。

如果因为处理不好和同事、公司的关系,因为外界诱惑,因为300~500元的差距而频繁跳槽或不安心工作,到头来,你会发现身边的人都进步了,你却还在碌碌无为地混日子或者还在疲于奔命找出路,甚至还是月光族!

我从1989年大学毕业到2002年加入厦门世邦一共经历了八个公司,我的每一次跳槽都使自己的职业生涯上一个台阶,所以我是鼓励人才流动的,关键是看你流动的原因是因为新的公司新的职位能给你带来更多的收获、更新的挑战、更好的提升,还只是因为你自己跟同事们,特别是直接主管相处不好,因为三五百的收入差异而选择离开!

那什么是正确的从业价值观呢?就是要以主人翁的精神、以创始人的心态去工作。

联想集团董事长杨元庆先生在为他的两位高管——来自中国的乔建和非裔美国人康友兰合著的《东方遇到西方——联想的国际化之路》一书所写的序言中阐述到:主人翁精神意味

着，只有把自己当作企业的主人，才能用不一样的方法做事情；要将公司利益置于个人利益之上，为自己设定目标而不是由上级指派任务；在排除外界压力的情况下，凭借自身努力取得成绩。

仅仅遵守公司规章制度把本职工作做好不是真正的主人翁，只有把自己当作公司的主人，自动自发、竭尽所能、没有任何借口地超额完成上级（公司）交付的任务、为企业创造效益才是真正的主人翁，也更是公司管理群体的责任！

当然，很多初入社会的年轻人会说，我目前从事的不是我喜欢的工作，苦于一时找不到更好的，就先就业再择业吧！

确实，从学校出来就从事自己喜欢且能发挥自己长处的工作的人少之又少，但难道因此就得过且过，做一天和尚撞一天钟吗？

我在大学本科学的是环境工程系空调制冷专业，跟海运八竿子打不着边，1989 年大学毕业后主动要求到车间修机器，1992 年凭着自己会修制冷机器的本事被当时的 SEALAND－SERVICE（美商海陆）招收为冷冻柜维护保养工程师，从此踏上了航运这条路。所以我给刚进入职场的年轻人的忠告是：职场上很多事情你不一定喜欢，但只要是你必须做的，你就得端正心态，把这当作一次学习技能、增长见识的机会，不畏惧不抗拒不抱怨，好好去做，用心去做，在这种慢慢摸索的过程中，你有可能会喜欢上这个职业。

我给在学校即将毕业的孩子们的择业建议是：先根据自己的兴趣和性格特点决定今后要从事什么行业（看自己平时喜欢浏览或谈论的话题是什么，怎样的内容吸引你进一步了解或探索），再从该行业中去选择一些优质的企业（优质企业的特征：一是有没有给予员工足够的学习进步的空间；二是能不能在激烈竞争的市场存活下来;三是组织文化是否符合你的价值观,值得你持续奉献)有针对性地投放简历,获得面试机会后再按照此公司提供的几个职位选择适合自己性格特质或有助于自己成长的职位来实习。为了在一个行业稳步发展,在这个行业的每个环节都去轮岗一番是非常必要和有显著帮助的。切记你优先考虑的应该是这家企业是否有发展前景、企业文化跟你的价值观是否匹配、你在此企业是否能学习技能增长见识而不是能拿到多少薪水。

另外,当你选择一个行业一家企业后,我建议至少要待3~4年,经过这样的时间沉淀,才能体会这个行业这份工作的要领和乐趣,才能积累一定的工作经验和人脉。切忌一不顺心不如意就轻易产生离职跳槽的念头。坦白告诉大家:一份不到一年的工作经历,在任何一家企业的面试官的第一印象里都是不及格的!

如果你在一个行业或公司已待3~5年,感到倦怠,不开心,没成就感,正准备辞职或跳槽,我建议你先静下心来思考:我的工作目的是什么?我想从事的工作内容是什么?我想要的工作环境是怎样?我想要实现什么样的人生价值?

要是你无法回答这些问题,就因为跟同事,特别是直接主管相处不开心或是薪水不够用就辞职,那么我敢保证你到另一个公司会遇到同样甚至更多的困扰而处于不断离职不断找工作的恶性循环中,从此在职场沉沦。对此我的建议是:不妨以此为起点,再给自己六个月的时间沉下心来安心工作,然后反省自己有什么比其他同事优秀的方面,主动发挥这些优势去做一些除了本职工作之外力所能及的事情,这样可以让你的上级和同事发现你更多的能力和优点,在公司或部门有相应需要的时候就会想到你,那你进步提升的机会就来了。

如果你喜欢现在的公司，离职只是跟你的直属主管合不来，你可以跟更高一级主管申请调离本部门到另一个部门工作，也许烦恼就会迎刃而解，而且在一家公司不同岗位的轮调，能帮助你获取这个行业更广的知识和经验，积累更深的人脉，有利于你在这家公司乃至这个行业持续的进步和提升。

◉ 延伸阅读

为什么我在公司得不到重用

轶名

到公司工作快三年了，比我后来的同事陆续得到了升职的机会，我却原地不动，心里颇不是滋味。

终于有一天，冒着被解聘的危险，我找到老板理论。"老板、我有过迟到、早退或违纪的现象吗？"我问。老板干脆地回答"没有"。

"那是公司对我有偏见吗？"老板先是一怔，继而说"当然没有"。

"为什么比我资历浅的人都可以得到重用，而我却一直在微不足道的岗位上？"

老板一时语塞，然后笑笑说："你的事咱们等会再说，我手头上有个急事，要不你先帮我处理一下？"

一家客户准备到公司来考察产品状况，老板叫我联系他们，问问何时过来。"这真是个重要的任务。"临出门前，我不忘调侃一句。一刻钟后我回到老板办公室。"联系到了吗？"老板问。

"联系到了,他们说可能下周过来。""具体是下周几?"老板问。"这个我没细问。""他们一行多少人。""啊! 您没问我这个啊!""那他们是坐火车还是飞机?""这个您也没叫我问呀!"

老板不再说什么了,他打电话叫朱政过来。朱政比我晚到公司一年,现在已是一个部门的负责人了,他接到了与我刚才相同的任务。一会儿工功夫,朱政回来了。

"报告老板,是这样的,"朱政答道,"他们是乘下周五下午 3 点的飞机,大约晚上 6 点钟到,他们一行 5 人,由采购部王经理带队,我跟他们说了,我公司会派人到机场迎接。

"另外,他们计划考察两天时间,具体行程到了以后双方再商榷。为了方便工作,我建议把他们安置在附近的国际酒店,如果您同意,房间明天我就提前预订。

"还有,下周天气预报有雨,我有提醒客人要带雨具,我还会随时和他们保持联系,一旦情况有变,我将随时向您汇报。"

朱政出去后,老板拍了我一下说:"现在我们来谈谈你提的问题。"

"不用了,我已经知道原因,打搅您了。"

我突然明白,没有谁生来就担当大任,都是从简单、平凡的小事做起,今天你为自己贴上什么样的标签,或许就决定了明天你是否会被委以重任。

能力的差距直接影响办事的效率,任何一个公司都迫切需要那些工作积极主动负责的员工。优秀的员工往往不是被动地等待别人安排工作,而是主动去了解自己应该做什么,然后全力以赴地去完成。希望看完这个故事希望有更多的朋友成为优秀员工!

(http://www.foodjob.cn/news/show-aspx? id= 48TW80y5500=,2014-03-18)

身价 15 亿与月工资 5 000 元的区别

轶名

　　故事主角刘立荣,湖南益阳人,金立通讯集团董事长兼总裁,身家 15 亿,集团手机月均销售量 45 万部,年销售量超 500 万部,集团年利润超 3 亿。李盛,湖南新化人,刘立荣的大学同窗,现为上海一电子公司的技术员,月收入 5 000 元。

　　李盛与刘立荣原本是最要好的大学同窗,也是一对当初同闯广东,同住一间宿舍,没钱时一同挨饿的患难兄弟。然而,10 多年过去,这两个兴趣相投、爱好相近的患难兄弟,其命运为什么会产生如此大的落差呢? 近日,笔者专访了李盛,从他的反思中找到了一个令人感悟犹深的原因……

　　"4 年同窗,最烦就是他喜欢'小题大做'。"李盛曾经十分看不惯大学同学刘立荣在小事上总是太较真,但他万万没有想到,正是这种差别,使得刘立荣如今成了身家 15 亿的大老板,而自己却仍然是月薪不过 5 000 元的普通职员!

　　1990 年 9 月,李盛考取了校址在长沙市的中南工业大学。那天办完报到手续回到宿舍时,看到一个同学正埋头独自下围棋,他便说:"兄弟,我们来两盘行吗?"同学答应了,与他一边下棋一边聊天。通过交谈,李盛得知这位新同学叫刘立荣,来自益阳市农村。那天下午,他俩共下了 3 盘,李盛轻松地全赢了。

　　此后,同宿舍的他俩经常在课余下棋、聊天。刚开始,李盛棋艺占优,刘立荣从没赢过。但是,刘立荣每次下棋时都认真思考,李盛却认为下棋就是打发时间,总漫不经心。这样一个学期下来,刘立荣的棋艺居然反过来比李盛高出一大截,能让他 3 个子了。李盛很纳闷地问:"你怎么提高得这么快?"刘立荣说:"你下棋根本不思考,怎么能有进步……"

大二第二学期,为了赚取生活费用,刘立荣提出利用晚自习后的时间,到各个男生宿舍去卖牛奶和面包。两人进行了分工,李盛负责去三、四栋男生宿舍推销,刘立荣则负责五、六栋宿舍。刚开始,两人每晚都能赚六七元钱,可不久刘立荣的钱越赚越多,李盛却越赚越少。李盛不服气,可两人调换推销宿舍后,刘立荣每晚还是能多赚七八元钱,而李盛依然越赚越少。一天,刘立荣看到李盛穿着一身汗透了的球衣,抱着食物箱就准备出门,他才恍然大悟地说:"你太不注意细节了。像你这样脏兮兮的,谁敢买你的食品呀?"李盛此后听从了刘立荣的建议,每晚出门前将自己收拾得干干净净,一段时间后,他的"生意"果然渐渐好了起来

这件事后,李盛有些佩服刘立荣注意细节的优点了。此后,李盛学习很用功,大三时还拿到了800元的一等奖学金,而刘立荣却因为平时爱钻研围棋,又喜欢看经济管理类的课外书籍,学习成绩不过中等。但令李盛想不到的是,大学毕业分配时,尽管刘立荣专业成绩并不出色,但却有3家单位争着要连学生推荐表都填得一丝不苟的刘立荣。最后,刘立荣选择了去天津有色金属研究所,而学习成绩好的李盛好不容易才将工作落实在长沙前动力机车厂。

虽然分隔两地,但他俩经常联系。李盛觉得刘立荣分配到了研究单位,一定非常满意。哪想到1995年3月的一天,刘立荣来到长沙找到李盛,说:"兄弟,我已经停薪留职,准备去广东了。你和我一起去吧!不然,年龄一大,岁月就冲淡了创业激情,到时就没有闯劲了……"李盛听了,也热血沸腾,当即答应一起闯广东。南下淘金第二天,李盛便办理了停薪留职手续。1995年3月30日,两个同窗好友坐上了南下的火车……

两人到了广州后,半个月过去,却没找到合适的工作,刘立荣建议去中山市。谁知到了中山市一个星期,两人身上仅剩下两元钱了,还是没找到工作。

他俩去中山小霸王电子智能科技公司应聘技术员。出门前,李盛不慎碰翻水杯,将两人的简历浸湿了。他们将简历放在电风扇前吹吹后,李盛把简历和其他一些东西放进了包里,就连连催刘立荣快走。可刘立荣却将简历夹进一本书里,又认真地压平整,才双手将书捧在胸前出门。李盛不由埋怨说:"你真磨蹭!"

到了小霸王公司的招聘现场,负责招聘的副总经过交谈,对他俩良好的专业知识很满意。然而,当他们递上简历时,李盛的简历不仅有一片水渍,且放在包里一揉,加上钥匙的划痕,已经不成样子了。那位副总不由皱了皱眉头。到了下午,刘立荣被通知去面试,并且应聘成功。没得到面试机会的李盛急得快哭了!刘立荣便说:"我们去问问吧!"当他们询问时,那位副总马上反问李盛:"你连自己的简历都没能力保管好,我怎能相信你工作上的能力?"一旁的刘立荣斗胆说:"他是我同学,专业知识比我过硬,既然你相信我,也应该相信他……"李盛这才得到了面试的机会。好在面试时表现不错,李盛最终也和刘立荣一样被小霸王公司聘为技术员。

上班后,两人又同住一间宿舍,一同上下班,一起吃饭,一起抽7元钱一包的红双喜香烟,甚至凑钱买了一套罗蒙西服轮流穿,工作上也互相帮忙。1995年6月底,技术主管让他俩各自设计一套程序。李盛凭着过硬的专业知识,一个晚上就完成了。次日上午,他在宿舍里美美地睡了一觉,下午一进办公室,发现双眼充满血丝的刘立荣仍在埋头查资料,他便说:"你还爱磨蹭!我来帮帮你吧!"在他的帮助下,刘立荣下午也完成了设计。李盛说："差不多了,休息吧。"说完,他便又回到宿舍睡觉去了。

李盛离开后,已经两天一夜没睡觉的刘立荣又将程序检查了好几遍,即便觉得没有瑕疵了,他还是将图重新誊写了一遍,直到自己满意才罢休。第二天,技术主管看了图纸后,说:"从你们交上来的图纸看,小李的专业基础很扎实,可图纸潦草、脏乱,对工作太毛躁了;小刘的图纸一丝不苟,做事踏实,令人放心……"李盛不服气地想:图纸你看得懂不就行了,干吗非要清洁干净不可? 真是吹毛求疵!

不久,为了制图方便,技术部准备更换一台新电脑,需要由他们在报告上签名。报告写好后,李盛大笔一挥,将自己的名字签得老大。刘立荣提醒说:"你的签名这么大,领导的名字往哪里写? 再重新写一份报告吧。"李盛却说:"你太小题大做了吧? 他们随便签在哪不行吗?"

1995 年 10 月底,技术部一台车床起动时,起落架无法收回,导致无法运转。主管技术的副总检查后,发现原来是起落架上的插销没有拔出。故障排除后,刘立荣写了一份标准操作规范贴在机器上,不但写清不要忘记拔插销,而且对插销要怎么拔,拔出后后退几步,放在何处,都写得清清楚楚。李盛不屑地说:"你这不是多此一举吗? 大家有了教训,应该已经记在心里了。"然而,副总来检查工作时,看到这张注意事项,高兴地说:"写得好,如果都像你一样,留下注意事项,新员工就会避免犯同样的错误了。"

看到刘立荣对工作如此细心,李盛还是不屑地认为:"你将自己累得要死,还不是和我领着同样的工资,何苦呢?"然而,1996 年 11 月,技术部主管辞职后,公司领导认为刘立荣办事认真细致,经手的事很少出错,于是将专业知识不如李盛的刘立荣提拔为技术主管,而给李盛只是象征性地涨了 200 元工资。

1997 年 10 月,公司为了鼓励刘立荣,分给他一套两室一厅的房子。为他搬家的那天,李盛心里很失落:"才进公司两年,他怎么就成了我的上司了呢?"

1998 年 4 月,小霸王公司副总裁杨明贵准备去东莞,自己组建金正数码科技有限公司。他将自己一直赏识的刘立荣带到了东莞,担任副总。在刘立荣的推荐下,杨明贵也将李盛带到了东莞,担任技术部主管。

在新公司做了技术主管后,李盛的工作轻松了很多。因此,他晚上常去当地的酒吧、洗脚城娱乐。有一个周六下班后,刘立荣叫住了他,说:"老弟,好久没下棋了,我们来几盘吧?"晚上 9 点多钟,他们下棋正在兴头时,刘立荣接到了一个客户的电话,他马上就说:"今晚到此为止了,我得去广州接一个重要的客户……"李盛不解地说:"这么晚了还去广州接人?没必要吧!"刘立荣却说:"如果接他,在这个小细节上让客户满意,能给公司带来效益,我有什么理由不去做呢?"

2000 年 3 月,刘立荣在审查由李盛写的生产流程报告时,发现报告上居然将 200 元写成了 200 万元。他生气地说:"你怎么能这样不小心呢?如果我没检查出来,谁负得起这个责任?工作不能马虎啊,你换位思考一下,如果你是老总,你能将工作放心地交给出现这样错误的员工吗?"

尽管李盛对刘立荣的话点头称是,但心里仍不以为然。2000 年 5 月的一天晚上,刘立荣一边与李盛下棋时,一边打电话对公司文员再三叮嘱:"从东莞去广州,你一定要给他买靠右边窗口的车票,这样他坐在车上就可以看到凤凰山;如果他去深圳,你就要给他买左边靠窗的票……"李盛不解地问:"到底接待谁呀，你这样婆婆妈妈？"刘立荣说："台湾顺翔公司的杨总，他出门时不喜欢坐汽车而喜欢坐火车。这样，他一路可以欣赏凤凰山的风景。"李盛笑道："这些小事你也装在心里，累不？"可令他没有想到的是，这件小事竟给公司带来了2 000万元的业务。

原来，4个月后，台湾的杨总在和刘立荣聊天时，无意中问起这个问题。刘立荣说："车去广州时，凤凰山在您的右边。车去深圳时，凤凰山在您的左边。我想，您在路上一定喜欢看凤凰山的景色，所以替您买了不同的票。"杨总听了大受感动，说："真想不到，你们居然这么注重细节，和你们合作，可以让我放心了！"杨总当即将本已决定交给别的公司的2 000万元订货单，改交给了刘立荣。李盛听说此事后，心里也很震撼！

2001年10月，金正数码公司发展为集团公司，刘立荣也升任集团公司副总裁。可不久，李盛却给公司带来了莫大的损失：生产部按技术部新开发的模具生产出样品后，才发现模具设计居然出了问题，本该在右边的零件被设计到了左边，一条价值400多万元的生产线全报废了。董事长得知后大发雷霆，做出了取消技术部所有员工年终奖、直接开除事故责任人李盛的处分决定。刘立荣忙向董事长求情，董事长最后虽然收回成命，但还是撤了李盛的职务，让他当普通的技术员。

几天后，李盛找到刘立荣，说："我知道你对我好，但我不能拖累你，我还是离开公司……"刘立荣不好强加挽留。离开金正数码公司后，李盛在东莞市虎门镇兴利电子公司找到了一份做技术开发的工作。

2002年7月的一天，李盛与刘立荣在虎门镇相遇。刘立荣告诉李盛，自己准备辞职，筹资成立一家属于自己的通信设备公司，并邀李盛和他一起干，可李盛摇了摇头，说："我已经买了房子,不想再奔波了……"

此后,刘立荣招兵买马,创建了金立通信设备有限公司。一晃7年过去,李盛仍只是一个技术员,依然抽着7元钱一包的红双喜香烟,挤公交车上下班;而刘立荣贵为金立集团的总裁,开着奔驰600轿车,成了亿万富翁。

2009年3月,兴利电子公司由于受金融风暴的影响破产了,李盛只得到深圳另找工作。此时,刘立荣的金立集团已成为国内手机企业的重要品牌,他自己身家15亿。李盛想过请昔日的哥们刘立荣帮助自己谋一份职位,却又觉得没脸相求。2009年9月,他在上海的一家电子公司重新找到了工作,月薪5 000元。

接受采访时,李盛反省说:"以前,我总觉得刘立荣职务扶摇直上,事业飞黄腾达,是一种偶然和幸运;我现在才明白,他是因凡事注意细节,不断进步。细节决定命运啊!"

细节决定命运,李盛的反思确实有道理!无论在生活中,还是在工作上,是否能够注重细节,绝对影响着我们每个人的命运。年少时同样高矮的伙伴,每个月可能只会比自己高一毫米,差距毫不起眼,可十年八年后,他可能就会长成巨人,而自己却形同侏儒。刘立荣的成功,肯定是因为他有很多优点,但他在职场从起步到成为老总这个人生最重要的跨越阶段,注意细节,绝对是他赢取人生每一步的重要原因。因为,注重细节不仅仅是一种习惯,更是一种高级职业精神,它能引领你不断完善自己的人格和能力,一步步走向成功!刘立荣的成功经验,值得我们每个职场新人深思和学习!

第5节 牢固树立终身学习的空杯心态

何谓正确的学习态度呢？就是不能骄傲自满，故步自封，要乐于尝试新鲜事物、新的想法，每一天都不断学习进步。在目前知识大爆炸的时代，知识和技术的更新换代都非常快速，在学校学习到的知识如果不及时更新，最多5年就要过时，因此只有保持空杯的谦虚心态，持续不断地学习才能做到与时俱进，才不会被职场淘汰。每个人都可以通过不同的方式学习：可以阅读；可以向顾问、前辈、教练、同事甚至竞争对手学习；当然也包括从个人经验和阅历中学习。

我经常要求大家除了看书还要善于分析、思考、归纳、总结，学会写一份报告才是一个职场人真才实学的体现。

著名企业家、前万科董事长王石先生说："读书再多如果不写出来，就不能成为自己的东西。如果不能向别人说出来，就不能得到修正与反馈，也无法知道自己的观点是处于什么样的水平。写作是一个整理自己想法的很好的途径，将平时阅读中的论点整理出来，加以思考，总结成自己的话语。这样，个人的逻辑能力和思考能力就会逐渐加强。当然，写作是件比较痛苦的事情，需要整理自己的思绪，并且组织语言将它们表达出来。而且，当你对着电脑的时候，还要排除各种杂事的干扰，这对专注力也是一种锻炼。"

在日常工作中，许多人经常觉得"下笔太难"，这是职场中的常态，不少中国人离开学校以后就不再阅读不再学习，所以近几十年大陆国民的整体素质堪忧,这也是政府提倡"全民阅读"的原因所在。

为了把同人培养成优秀的职场人,自厦门世邦 2002 年成立以来,我一直身先士卒倡导终身学习、热爱阅读的风气,包括请新员工为我摘抄文章、让不同的同事轮流做会议纪要、要求业务员特别是主任级以上干部写月度总结报告等办法,就是要大家养成喜欢读书、乐于写作的好习惯。

大家日常与他人的交流沟通不外乎口头和文字两种形式,口头形式就是要学会聆听对方阐述的观点,然后用简单的语言把你想要表达的意思说清楚,让对方觉得你是一个好的聆听者,是知己。而文字的表达则更进一步,它通过逻辑思维、分析判断、总结归纳,把前人的经验和智慧,结合自己的所学所思所想,整理成自己的文字表达出来。只要坚持写作一年,你就会觉得自己在气质、内涵、思想等方面会有一个质的飞跃,跟人的交流沟通不再是难事,而且在社会上会越来越受欢迎,在公司会越来越受重用。就像我坚持给大家写每周一文 15 年了,现在写一篇 500 字的随笔对我来讲易如反掌。

其实良好习惯的养成只要持之以恒就可以做到,比如你要求自己每天阅读一小时,每周坚持针对自己一周来看过的书或文章写些心得总结以消化吸收。

成人的学习应该是快乐的,因为这时候的学习没有考试压力,反而是有目的性的。当你有针对性地根据自己的工作兴趣、需要或者不足,找出相应的书籍来对照学习时,只要其中有一句话、一个办法、一种技巧、一条思路对你有帮助,你是不是就认为值得了?

拿到一本书先不要逼迫自己一定要通读一遍,可以信手翻阅,遇到有兴趣的段落、章节再详读;如果整本书让你爱不释卷、流连忘返，就可以精读甚至反复阅读，更重要的是，看完书以后要把你认为有用的论述、观点经过消化吸收，化作自己的语言、思维、理念，然后用于指导工作、生活、学习并与他人分享。正如我最近精读的前思科中国区总裁林正刚先生的《正能量》《创能量》和华南理工大学陈春花教授的《激活个体》，我就如获至宝，爱不释手，各通读了两遍，并把其中一些感觉受益匪浅的观点，加上自己的理解跟大家分享，一起研讨一起进步！

以上我已经和大家强调了走出校门之后放空自己继续学习的重要性，这里再总结一下：

（1）成人的学习应该是快乐的，抛弃任何应试教育的压力和负面影响，针对工作、生活、学习的需要找到相应的书籍；

（2）可以充分利用碎片时间，读一本书的一个章节、一个主题即可，不要有通读一本书的压力，如果觉得这本书很有吸引力，那么再继续通读、精读下去；

（3）读书一定要记笔记，读一本书、一篇好文章的时候一定要随时记笔记，把自己的想法体会写下来，如果能和他人分享就更棒；

（4）要把从书本上得到的知识和智慧用于指导自己的工作、生活和学习，不能纸上谈兵，一定要敏于观察、勇于行动、精于动作，以实现预期的目标。

一个在某方面卓有成就的人，一定是一个善于利用他人的智慧和资源来减少自己成功阻力的人；如果善于学习，就等于将前人的精神财富复制到了自己的资源库，还有比这更聪明更快捷的方法吗？

◉ 延伸阅读

如何养成好的生活习惯

王石

我以前一直觉得我们应该让自己舒适一些,但是后来我明白有一些不适有时并不是件坏事。事实上,你可以学会享受这种不适。

例如,我每天都会做一些力量训练,虽然这点不适不会严重到令我讨厌的地步,但是人就是这样的,能逃避的困难,我们总能找到借口。

我制订计划表格,让这点不适参与我的生活,形成一种习惯。每当我完成 15 个引体向上,就会在引体向上那一栏写上 15。

每个月我都会换新的纸张,并总结上个月的情况。不经意间,几个月时间我已经做了 1 000 个引体向上了。

我发现任何只要是有一点不适的事情都是可以训练的,我们可以将一件不适的事情变成一种习惯,然后你会离不开它,觉得这点小痛苦其实是平淡无奇生活中的一种调味料。

这件事由不适变得舒适,良好的习惯就是这样养成的。

具体的方法如下:

找到一件你想做的事情,这件事情会让你有点小不适,但是做成了以后你会收获很多。例如:健身。

你可以把这件事情分解成 1 000 个独立的事件,要确保每个事件都在你能容忍的不适程度内。

你可以先测试一下你尽全力后最大的容忍程度,然后减去

20％，从这个值开始。例如，我想要做 10 000 个引体向上，那么分成 1 000 份，就是每次 10 个。

开始去做，并且不要强迫自己，把它当作一种乐趣去挑战。随着你的能力增强，逐渐增加分量。

例如 1 个月后，你可以做到 15 个，3 个月后，你可以做到 25 个。所以，10 000 个看似需要 1 000 天才能完成，事实上，你可能 9 个月就搞定了。

这个方法的精髓在于把一个很大的痛苦分解成 1 000 份小不适，然后将它融入每天的生活中，培养成习惯，将不适转变成舒适。

我们可以通过上面的这种方法，对自己的能力进行提升，改变一些坏习惯，培养一些好习惯。

拖延的习惯

我们为什么要拖延，主要原因在于我们要做的事情令我们感到不适。所以，我们的头脑会产生各种各样的借口和诱惑，来促使我们去做更容易的、更舒服的事情。当我们把一件事情定义为"不舒适"的时候，我们会本能地不想去做它，想方设法拖延到明天。但是，如果我们能够把这种痛苦分解成 1 000 份，变成可以忍受的程度，那么事情就变得容易了。我们可以制订一个表格，叫作"战胜拖延"。每次有想要拖延的想法的时候，就立刻去做，完成任务之后就在表格上"＋1"，当完成"1 000＋"的时候，拖延的习惯就根除了。

健身的习惯

我们不去健身是因为感到不舒适，但是如果每次有意识地让自己承受一些不适，会逐渐提升自己的忍耐力，一旦养成一种习惯，我们会依赖于这种不适带给自身的有利刺激，让自己感到更有活力。

阅读的习惯

没有阅读习惯的人会把读书看成是一件很痛苦的事情。如果你能够建立一个表格，每读完一个章节就在上面写上＋1。逐渐养成习惯以后，改成阅读一本书写上＋1，你会发现一个月你甚至能够读上 5 本书。然后阅读会变得不再痛苦，而成为一种习以为常的事情。当你能够跟别人谈起你阅读的著作以及你的看法，会是一件很有成就感的事情。

早起的习惯

要培养早起的习惯首先要为自己设定一个早起的目的。而且这个目的会让你很期待第二天的早晨快点到来。如果你是一个吃货，不妨睡前准备好一顿丰盛的早餐食材，等早上起床给自己做一顿很好吃的早餐。我给自己设定的早起目的是玩半个小时游戏（很神奇吧），这对我来说很有吸引力。于是，如果我想要 6 点半起床，那么我会把闹铃定在 6 点，然后快速起床，开机时间我会搞定刷牙洗脸，然后热一杯牛奶，一边打游戏，一边听着英语广播。通过这个方法，我将不适转换为舒适，让本来很难的事情变得容易而且备受期待。

写作的习惯

读书再多如果不写出来，就不能成为自己的东西。如果不能向别人说出来，就不能得到修正与反馈，也无法知道自己的观点是处于什么样的水平。写作是一个整理自己想法的很好的途径，将平时阅读中的论点整理出来，加以思考，总结成自己的话语。这样，逻辑能力和思考能力就会逐渐加强。当然，写作是件比较痛苦的事情，你需要整理自己的思绪，并且组织语言将它们表达出来。而且，当你对着电脑的时候，还要排除各种杂事的干扰，这对专注力也是一种锻炼。

（http://www.cb.com.cn/person/2015-06-04/1136446.html，2015-06-04）

第 6 节 怀着感恩的心态去工作

作为有社会责任感的企业家,世邦集团的老板们努力把世邦打造成一个讲情义和道义的大家庭,希望每个同事在世邦大家庭都能开开心心地工作,快快乐乐地生活,并借此实现精神和物质两方面的幸福。但也正是由于这样的企业文化,我们相当一部分主管养成了当"慈眉善目老好人"的习惯,希望在工作中和颜悦色,让部属如沐春风,话尽拣好听的说,尽量不骂人,以免造成团队的紧张气氛。殊不知,长此以往,这样的风气只会让组织是非不分,也会让部属处于"有错不自知,有错不能改"的困境。组织内有人犯错、能力不足、绩效不彰都是常见的事,这时候主管的功能就是要归过劝善,不可以有丝毫的犹豫,虽不见得要严厉处分,但要明辨是非,让犯错的人知错认错,限期整改,才不会使个人一错再错而整个组织也随之沉沦!

设定目标、制定规范、严格要求、有错必纠、有过必罚、限期改善、限期完成等是主管基本的态度,与工作、责任、目标等有关的事,绝对不可以心慈手软,今天轻轻放下,只会让部属不长进,他们的无能,大多来自于主管的无能或善意。

作为主管,当员工出现失误或错误时,怎样的批评技巧能让员工心服口服地接受,达到有则改之无则加勉的效果呢? 以下几点可供参考:

(1)反馈要及时,温和地指出你不满意的地方,注意保持沟

通的顺畅,不要使情绪对立;

(2)对事不对人;

(3)真诚;

(4)用鼓励来结束。

基层的员工,特别是刚从学校毕业进入社会一两年的新鲜人,应该以一种什么样的价值观和理念来择业与就职呢? 正如在一次公司例会上,我和大家提到的,处于职业生涯的初期,大家应该更注重的是能力的提升和知识、经验、人脉关系的积累,而不要太看重一时的收入高低,如果因眼高手低、心高气傲、自视过高而频繁跳槽,会使自己成为无根的浮萍,等过了三五年后,同期的同学都已成为所在公司的骨干甚至主管时,你可能还在为自己的工作而到处奔波! 这两年我们经常遇到应届毕业生在实习、试用期间,连招呼都不打(有的只是一个短信、一个电话)就自动离职,这就是一种很不负责任的表现,是要不得的态度!

当然,我不反对人才流动。我从大学毕业到加入世邦,一共经历了8家公司,这为我的职业生涯带来丰富的经验和人脉。现代人力资源管理有一种新的理念是:人才流动也是财富。如果从世邦离职的同人,都能自己创业或在新的公司有很好的发展,那我们做主管的脸上也有光彩,对于我们世邦的品牌和生意也是有帮助的! 只是,跳槽前,每个人要想清楚,跳槽是为了什么? 为了多几百块钱的工资? 为了能力的提升、职位的晋级? 还是为了自己的兴趣、爱好? 如果你的每次跳槽都能实现人生职业生涯的一次飞跃,那我还是鼓励你勇敢地冲!

这几年生活成本一直在飞速上涨,我因工作需要经常来往于港台,时常感慨现在大陆一二线城市的生活成本已高于香港和台北,但我们一般员工的工资水平是低于香港和台北的,这样就引发和导致社会(包括劳资)之间的矛盾越来越尖锐。身为企业的经营和管理者,我非常理解刚步入社会的新鲜人的不容易,也一直在竭尽所能地提高大家的福利待遇,希望大家在世邦这个大家庭能没有后顾之忧地去追逐自己的梦想,实现人生的价值。但身为一个职业经理人,我又要很清醒地认识到,员工的高福利待遇是建立在企业健康稳定的发展并有一定盈利的基础上的,如果一味地提高员工的福利待遇,增加公司的运营成本,以致于公司出现亏损,请问这样的福利待遇可持续吗?

近期,我一直在研读大陆学者陈春花教授的《激活个体》和前思科中国总裁林正刚先生的《正能量》和《创能量》,深深地被他们的论述所折服,颇受启发。

林正刚老师强调一个具备正确职业价值观的人要专注于让自己为企业创造的价值高于自己给企业带来的成本(包括固定成本和隐性成本),要意识到公司聘请你来是为公司增值、解决问题的,而不是来给公司增加成本、制造麻烦的!

所以,正确的职场观念就是拥有一份工作时要懂得感恩!

👁 延伸阅读

拥有一份工作，要懂得感恩

翁静玉

二十几年前,我刚从日本念研究所回来,进入台湾输出入银行工作,担任办事员;同期的同事中,有我的大学同学,他是在美国念的研究所,可是职级却比我高一级,编制上是我的主管。同样都是研究所毕业,却因为国家有别,待遇就不同。我并没有因为待遇不如人就心生不满,仍是认真做事。交到我手中的事情,一定尽心尽力做到最好。此外,我也会积极主动找事做,了解主管有什么需要协助的地方,事先帮主管做好准备。

我认为工作除了有形的薪水之外,最重要的是无形的资产。这样的工作态度,被当时的上司注意到了。后来这位上司调去交通银行时,带去履新的随从人员中,我是唯一的办事员。这是很罕见的现象,因为通常都是一些主管跟随过去而已。

工作的价值并不单只是取决于一个面向

当年回台湾后,第一次上班报到的前夕,父亲告诫我三句话:"遇到一位好老板,要忠心为他工作;假设第一份工作就有很好的薪水,那你的运气很好,要感恩惜福;万一薪水不理想,就要懂得跟在老板身边学功夫。"

我将这三句话深深地记在心里,自己始终秉持这个原则做事。一个人的努力,别人会看在眼里的。我认为一个好主管或老板,心中都有一份员工的资产负债表。

我认为工作除了有形的薪水之外,最重要的是无形的资产,包括可以学习专业技能的工作环境及人际关系。跟同事的关系、跟老板的关系、跟客户的关系,凡是工作环境所衍生的人际关系,未来都会变成你的无形资产,甚至泽及第二代,成为你下一代的人际资产。因此有工作做,要懂得感恩。

面对现今恶劣职场的三个锦囊

现在能拥有一份工作,有一个可供发挥的舞台,要惜福、感恩。除此之外,这里有三个锦囊建议,都可以作为参考:

(1)不管做任何事,都要把自己的心态回归到零。把自己放空,抱着学习的态度,将每一次机会都视为一个新的开始,都是一次新的经验,不要计较一时的待遇得失。一旦做好心理建设,拥有健康的心态之后,不论做任何事都能心甘情愿、全力以赴,当机会来临时才能及时把握住。

(2)学习接纳同事、老板及客户。如何与共事的伙伴相处,是一门大学问。相信自己,相信别人,随时调整角色,勇于领导他人,也愿意被他人所领导,这是非常重要的。

公司里的同事、老板或客户,都来自不同的家庭文化背景,各有不同的特质与专长,有缘相聚,如何彼此取长补短、化阻力为助力,是很重要的学习过程。一开始接触和你不一样特质的人时,一定要敞开心胸,先接纳了解,彼此包容沟通,这样才能创造愉快而积极进取的工作气氛。

(3)要能承受压力、愿意学习。换句话说,也就是要具有"斗魂"。"斗魂"指的是愿意打拼、奋斗不懈的精神。特别是还没有一技之长的年轻人,拥有的最大资产就是"斗魂"。企业在求生存的时刻,也需要能同舟共济一起奋斗的伙伴。能承受压力,不断学习成长的人,才能在非常时刻发挥临门一脚的功用。

总而言之,不论是职场"菜鸟",或是"老鸟",愿意学习成长、愿意打拼的人,才有未来的生涯。

(http:www.izhong.com/yiyou/article/2011060318543183 43128130848,2011-03)

第7节 如何成为职场达人

我一直说航运物流行业是应该由年轻人来挑大梁的行业,因为这个行业需要辛苦、勤奋、激情和活力……而这些特质是年轻人的优势!

但，我们这个行业同时面临着激烈的竞争、烦琐的工作、客户严苛的要求、世界整体经济低迷带来的环境压力等，一些年轻的同人加入这个行业后，经过一段时间，由于业绩没有起色、工作没有进步、收入没有增加等，陷入迷茫、徘徊的状态，甚至自暴自弃，得过且过，而有的人则想通过旁门左道实现一夜暴富来改变自己的现状！

天上没有掉馅饼的好事，没有人可以不劳而获，有一小部分人虽然可能通过投机取巧的方式侥幸得逞，但好景不会长，一切不劳而获的东西终将是一场空。

正确的态度是认清自己的优劣势，摆正自己的心态，跟上公司发展的策略和方向，任劳任怨地完成上级交付的工作和任务，不抱怨不找借口，培养集体荣誉感和责任感，多做总结和分析，及时与上级沟通，成为上级的贴心助手，脚踏实地地坚持下去，这样就一定会实现自己的人生梦想！

反之，如果继续混下去，公司最多损失的是几年的薪水，而你耗费的却是自己的青春、美好的未来，谁的损失更大呢？

怎样做才能成为优秀员工

有时候我们很努力地工作，却仍旧成不了优秀员工，是不是很郁闷？那么优秀员工平时是怎样工作的呢？按照以下优秀员工的做法试一试，希望您也能慢慢成为让大家羡慕的优秀员工。

优秀员工工作方法	一般员工工作方法
关注企业战略与长远发展	保住眼前的工资和饭碗
承担责任，信守承诺	漫不经心，得过且过
日事日毕，决不拖延	懒惰拖拉，消极应付
精打细算，多快好省	大手大脚，花公司钱不心疼
精益求精，产品等于人品	人品差不多就行了

吸取教训,总结经验	寻找借口,竭力为自己辩护
群策群力,分享共赢	单枪匹马,个人英雄
以结果论英雄	没有功劳也有苦劳
把企业当作自己的事业	把企业当成别人的事业

成为优秀员工不是一朝一夕的事,需要我们在工作中不断总结自己的工作经验,这是一个比较缓慢的过程。古人云:十年磨一剑,哈佛大学也有"一万小时"定律,所以不要着急,用优秀员工的行为要求自己,假以时日定会成功!

第8节 从平凡的工作中发现不平凡的意义

本人从事航运行业 25 年,一直用"奴才"公司来形容货代物流行业,大家每天用"战战兢兢、如履薄冰"的状态为客户提供优质高效的服务。服务好了,客户认为是应该的;反过来,稍有差错,轻则招来客户的痛骂投诉,重则导致索赔,甚至被诉至公堂。

但这样折磨人、令人厌烦的职业,为何我能一干就是 25 年,而且还乐在其中呢?

首先是心态决定一切!试问,这世上有不劳而获的财富吗?在世界经济一体化的当下,特别是现阶段中国已过了经济爆发式增长的时期,哪一个行业不是充满了艰辛和竞争?我们应该从平凡的工作中去领悟:其实我们是在从事一项伟大的事业!如果没有我们这些货代从业人员辛勤的付出,国际贸易怎么得以实现？国家怎么进步繁荣？人民怎么富足快乐？我们不要简单地把日常工作当作养家糊口的手段，而应该将其视为实现自己人生价值的事业，在追求自己职业生涯规划的过程中体会人生的快乐和实现自我价值！

网上不是在流传三个泥水匠的故事吗？

三个工人在砌一堵墙。

有人过来问："你们在干什么？"

第一个人没好气地说："没看见么？养家糊口，砌墙。"

第二个人抬头笑了笑，说："我们在盖一座大楼。"

第三个人边干边哼着歌曲，他的笑容很灿烂开心："我们正在建设一座新城市。"

10 年后，第一个人还在另一个工地上砌墙；第二个人坐在办公室里画图纸，他成了工程师；第三个人呢，成了著名的房地产商。

所以说，心态决定一切，成功学大师拿破仑·希尔说：人与人之间只有很小的差异，但是，这种很小的差异却造成了巨大的差异！这个很小的差异在于心态是积极的还是消极的，巨大的差异就是成功和失败。

其次，要掌握一定的专业技能。货代这个行业需要一定的外语基础以及国际贸易、市场营销和物流航运知识，此外，在日常工作中还要与时俱进、终生学习、不断提高自我。

再次，要有责任心。在面试新人时，我总是强调货代这一行只有上班时间没有下班时间；我要求同事的手机要 24 小时开机，随时准备处理客户的突发事件。货代这个行业，严格意义上来讲，只有大年三十晚上那半天是休息时间！如果没有强烈的责任感、使命感，是很难想象和做到这一点的！

最后，要不断训练自己的沟通协调能力。有些同事生性内向,不善言辞。但货代这个行业,从总台、文件、操作、客户、财务到业务,每个岗位都需要和人打交道,如果没办法有效地和客户、协作单位甚至公司内部同事交流,就很难把本职工作做好,进而使自己得到提升。

真正的职场人会把简单的事情做到极致而不在乎所从事的事业是否多么伟大,日本人新津春子在羽田机场做了23年保洁工作之后,打扫出了世界上最干净的机场,受到了整个国家的尊重,获封日本"国宝级匠人"。

真正的职场人,做再普通的事也会不普通,因为他会把眼前的工作看成是提升工作技能的机会,看成是反思和收获的机会,看成是掌握先进工具的机会,看成是向新事物敞开大门的机会,看成是突破他人对你固有期望的机会。

我们从事的是一个充满挑战和机遇的行业,只要大家保持乐观、积极的心态,以饱满的激情和斗志投入到日常的工作中去,等到像我这样,过了20年再回首往事,相信你们也一定会有成就感和幸福感,尤其是当你看到自己的付出所带来的正面影响时更是如此。

◉ 延伸阅读

《工作？事业？》(圆月著:《心灵的奇迹》第一章第二节"现代人面临的共同问题",江苏人民出版社2012年版)

第9节 何谓"成功"

本节我要和大家谈谈何谓成功。2017年元月底,我利用在台北参加世邦集团尾牙晚宴的行程,把华南理工大学陈春花教授的《高效能青年人的七项修炼》看完,想跟各位分享陈教授书中关于成功的论述,最近微信上传播的香港中文大学校长在学生毕业典礼上的讲话更是为这个话题增添了丰富的内容。

当今社会,普遍认为的成功标准就是赚多少钱、开什么车、住什么房,导致绝大部分年轻人都在盲目追逐金钱、地位、权利……,轻者把自己搞得疲于奔命,过得很辛苦,重者就会迷失自我误入歧途,做出违法乱纪或违背良心道德的事情来,这都是不可取的!

香港中文大学校长沈祖尧先生说:成功就是你拥有高尚的情操,过着俭朴的生活并且存谦卑的心,如此你的生活必会非常充实。你会是个爱家庭、重朋友,而且是关心自己健康的人。你不会在意社会能给你什么,但会十分重视你能为社会出什么力。

陈春花教授认为,成功就是一系列的努力与进步,只要因为你,一切都变得更美好;只要因为你,周遭的人与事都变得更加进步;只要因为你,每天都有成长的痕迹。

爱因斯坦说:成功＝艰苦的劳动＋正确的方法＋少说空话

稻盛和夫说:成功＝人格・理念($-100 \sim 100$)×能力($0 \sim 100$)×努力($0 \sim 100$)。

林正刚老师说：成功＝心态×沟通×知识

我并不反对用财富作为评价成功的标准，只是不赞同这是唯一的衡量标准。年轻人想要取得成功首先要给自己定一个远大的，正面的，让人为之着迷、兴奋、充满激情的梦想，然后据此定下实现这个梦想的 3～5 年的奋斗目标，接下来就要撸起袖子、脚踏实地、身体力行地去加油干！没有行动，一切的梦想都只能是空谈，只能是白日梦！

就拿我来说，我步入职场后给自己定的理想是：成为中国最优秀的职业经理人！

我的中长期三个奋斗目标分别是：买一套 150 平方米以上的海景房（可以实现我四世同堂的中国梦）；写一本书；成为一位本行业知名的职场教练。

为此，我在自己的职业生涯道路上勤勤恳恳地努力奋斗着，至今可以说三大目标已实现两个，第三个目标在努力中，争取在接下来的五年可以实现。

现在，我不敢说我的人生是成功的，但至少觉得我的人生是丰富多彩的，是充实而没有虚度的，而且我身边的家人、朋友、同人都因为我的存在而感到骄傲和自豪！

👁 延伸阅读

香港中文大学校长沈祖尧：如何不负此生

香港中文大学是香港最为出色的历史文化名校之一，也是被誉为亚洲最美校园之一的大学。（校训为"博文约礼"。）书院制度独特，文化底蕴丰厚，一直吸引着很多内地学子。中大名人辈出，中大精神薪火相传。

从建校初期的新亚书院院长、中国国学四大家之一的钱穆先生，到现任中大校长沈祖尧，都在延续并且发扬着中大精神。来看看香港教育界大牛对毕业生的谆谆教导。

演讲原文如下：

今天早上我翻阅了毕业礼的典礼程序。当我见到毕业生名册上你们的名字，我按手其上，低头为你们每一位祷告。我祈求你们离校后，都能过着"不负此生"的生活。你们或会问，怎样才算是"不负此生"的生活呢？

首先，我希望你们能俭朴地生活。在过去的三至五年间，大家完成了大学各项课程，以真才实学和专业知识好好地装备了自己。我肯定大家都能学以致用，前程锦绣。但容我提醒各位一句：快乐与金钱和物质的丰盛并无必然关系。一个温馨的家、简单的衣着、健康的饮食，就是乐之所在。漫无止境地追求奢华，远不如俭朴生活那样能带给你幸福和快乐。

其次，我希望你们能过高尚的生活。我们的社会有很多阴暗面：不公、剥削、诈骗等等。我吁请大家为了母校的声誉，无比庄敬自强，公平待人，不可欺负弱势的人，也不可以做损及他人或自己的事。高尚的生活是对一己的良知无悔，维护公义，事事均以道德为依归。这样高尚地过活，你们必有所得。

再次，我希望你们能过谦卑的生活。我们要有服务他人的谦卑心怀，时刻不忘为社会、国家以至全人类出力。一个谦卑的人并不固执己见，而是会虚怀若谷地聆听他人的言论。伟大的人物也不整天仰望山巅，他亦会蹲下来为他的弟兄濯足。

假如你拥有高尚的情操、过着俭朴的生活并且存谦卑的心，那么你的生活必会非常充实。你会是个爱家庭、重朋友，而且是关心自己健康的人。你不会着意社会能给你什么，但会十分重视你能为社会出什么力。

　　我相信一所大学的价值,不能用毕业生的工资来判断。更不能以他们开的汽车、住的房子来作标准,而是应以它的学生在毕业后对社会、对人类的影响为依归。所以诸位毕业生会成为我校的代表。做个令我们骄傲的"中大人"吧!

　　在 21 世纪,全球的大学都有如处身于十字路口,因为在历史中,大专院校从来没有增长与膨胀得像现在那么快,而又像现在一般,忘其所以、失其导向。正当全球大专学生数目不断增加的同时,人们也前所未有地对大学教育的真正意义做出了重大的质疑。

　　正当在某些国家,大学被誉为推动科技与经济建设的火车头的时候,在另一些地方,大学却被诋为纵容精英主义和放任不羁的地方。那么大学教育,所为何事?

　　纽曼枢机曾经这样说:"若大学课程一定要有一个实际的目的,我认为就是培养良好的社会公民……这种教育能给人以对自己的观点与判断的真理,给人以倡导这种观点与判断的力量。它教他客观地对待事物,教他开门见山直奔要害,教他理清混乱的思想,教他弄清复杂的而摒弃无关的。"

认清大学的价值和本质

　　我相信一所大学的价值,不能用毕业生的工资来判断。更不能以他们开的汽车、住的房子来作标准,而是应以它的学生在毕业后对社会、对人类的影响为依归。

　　我们也要弄清楚大学的本质:它并非纯粹是一座知识宝库,也并非单单是创意和创新的推动者。大学绝非一所职业训练学校,更万万不可沦为培育贪婪、自私、毫无道德和社会责任可言的人才的机构。大学不可能是排名榜的盲目追随者,更不可以被视为推动生产总值的引擎。

认识并带领你的时代

今天你们毕业了，我送你们钱穆老师的一番话："认识你的时代，带领你的时代。

"你们一个人怎么样做人，怎么样做学问，怎么做事业，我认为应该有一个共同的基本条件，就是我们一定先要认识我们的时代。我们生在今天这个时代，我们就应该在今天的时代中来做人、做学问、做事业。

"大部分的人不能认识时代，只能追随时代，跟着这个时代跑。这一种追随时代，跟着时代往前跑的，这是一般的群众。依照中国人的话来讲，即是一种流俗。每一个时代应该有它一个理想，由一批理想所需要的人物，来研究理想所需要的学术，干出理想所需要的事业，来领导此社会，此社会才能有进步。

"否则不认识这个时代，不能朝向这个理想的标准来向前，此即是流俗。流俗又如何能来领导此社会？所以每一个时代，不愁没有追随此时代的流俗，而时代所需要的，则是能领导此时代的人物、学术与事业。"

这是一个怎样的时代？这是一个个人主义抬头的时代。个人利益凌驾于群体福祉，个人意见往往成为唯一能接受的意见。但海纳百川，有容乃大。我们不应只顾自己的利益，不要过于自以为是，而要学会多听别人的意见，考虑各方看法，协力实现梦想。

这是一个资讯爆炸、是非难辨的时代。每日在网上流传的资讯，媒体发放的消息，为我们带来不少冲击。但事情往往不是表面看来的那么简单，是非黑白往往需要仔细分析，深入了解。大学教育的目的，是培养独立思考。同学毕业后更需终生学习，有慎思明辨的能力。

这是一个利益在前，道德在后的时代。金钱、地位、权力，已经成为世人追逐的唯一之物，道德和价值观的培育，却渐渐被人遗忘。壁立千仞，无欲则刚。但愿你们不要让利益掩盖良心，以厚德载物自许。我们所追求的，理应是较名与利更能持久的东西。

我盼望中大毕业生能虚怀若谷，以远大的眼光，包容的态度，带领我们的时代。我盼望中大毕业生能恪守道德，做好本分，不要为了个人利益，埋没良知。我盼望中大毕业生能认识时代，引领潮流，不流俗、不盲从，做个对社会有贡献的人。

知道满足，懂得感恩，贡献更多

面前放着半杯水，你看到的杯子是半满，而非半空。你会明白世界上没有什么事是理所当然的，无论是健康、家人、爱人或者机会。你在这个年纪所拥有的一切，所获得的成就，是这个世界上许多人想也无法想象的。知道满足便会快乐。懂得感恩，你心中所念兹在兹的，就不是还想获得更多，而是贡献更多。你应努力回报社会，用你的时间、你的知识，或许有一天，是你的财富。到那时你会发现，奉献愈多，就愈富足。

"不要问香港可以为你做些什么，而是你可以为香港做些什么。"为自己和别人创造更多机会，献上更多关怀，你的烦恼反而减少。懂得感恩，你大概也是个包容的人。

一天当父母开始双鬓斑白、记忆衰退、步履蹒跚时，你不会对他们抱怨挑剔，你会不离不弃地照顾双亲，为他们做饭洗脚。

一天你有了更大的成就、更高的收入，或更高荣誉时，你也不会瞧不起老师，你会饮水思源，告诉别人他是我脚前的灯、路上的光。

有一天我们的社会无论面对多大的困难、多少的挑战，你也不会离弃香港，不顾而去。你会尽你的责任为香港创造未来。各位,今天是值得我们庆祝并为之欣喜的大好日子,但不要忘记……这还是个应当感恩的日子。

各位毕业同学,在我的心目中大家都是我的儿女。当我诵念你们的名字时,我默祷你们都能不负此生。

(2011.12.01)

(http://www.sohu.com/0/20398674.135947,2015-06-27)

§ 第三章 §

打造自燃型的团队

● 一个人只有同时具备了责任感和使命感时,才会充满激情地投身到自己所从事的事业之中。

● 人在一起不叫团队,只有心在一起为共同的组织目标去努力奋斗才是团队。

● 个人英雄主义的时代已经过去,只有坚强的团队才是企业基业长青的坚实基础。

● 企业要打造自燃型团队创造高收益只有一条路,那就是:让员工像创始人一样投入工作!

第1节 国际货代行业需要什么样的人才

相信每个人,特别是大学刚毕业的新人对自己的人生职业生涯都有一个美好的规划,但残酷的现实很容易把原先的规划打乱甚至击碎。

一个社会新人从走出校门到在社会立足直至成为公司骨干或主管,少则三年,多则需要五年甚至更长的时间,你是否做好了这样的心理和思想准备?

人人都想当"老大"，但你要反省一下自己是否具备了做老大的基本素质：勇敢、热情、负责、坚定、奉献、包容、担当……

这些素质有的是与生俱来的，但更多是经过后天培养而形成的。

一个人，只有勇于承担责任积极进取，随着在公司的地位越高、责任越重，得到的回报相应也会越多。

天下没有白吃的午餐，如果想要获得高收入，想要职位提升，就要勇敢地站出来为部门为公司为集团去承担压力、风险与责任！

一个公司发展的最大瓶颈是人才，国际货代企业属于"轻资产"企业，作为连接货主和承运商的桥梁，越来越多国际货代企业目前正扮演着资源整合者和系统功能集成商的角色。这些都决定了人是国际货代物流经营中最重要的资源。那么，国际货代行业到底需要什么样的人才？

从知识储备来说，干好货代这行，至少应具有三个方面的专业知识：一是基本的国际货运专业知识，二是必要的国际贸易实务专业知识，除此之外还应至少掌握一门外语。

根据以上三个方面的知识储备要求，具有物流或交通运输、国际贸易、市场营销知识和外语背景的人比较适合从事国际货代行业。目前各类国际货代企业的中坚力量大多来源于拥有这几类背景的人才。但现实中，这些专业知识仅仅是涉足行业的必要条件，完全可以通过岗位培训和实践逐步获得，而专业的技能、良好的职业素质和修养等不可或缺的"软技能"才是干好货代的先决条件。

👁 延伸阅读

《如何成为企业爱用的物流人才》(蒋啸冰著:《物流江湖自我修炼之道》,电子工业出版社 2016 年版)

第 2 节　如何做好新进员工的入职培训

对于新进员工,特别是刚从学校毕业步入职场的社会新人的入职教育是我们发现人才、培养人才、留住人才非常重要的一项工作。应届毕业生刚从学校和家庭相对安逸、舒适的环境进入现实、残酷、竞争的职场,会有一个不适应、迷茫、彷徨的阶段,一个负责任的公司要通过一系列的培训和指导,帮助他们树立正确的职场价值观,让他们知道企业的老板是谁,企业的文化、经营理念、愿景和使命是什么,让他们知道是在为一家什么样的公司服务,在公司努力奋斗后的结果是什么,企业文化是否跟他们的价值观、目标、理想相吻合。如果这些新人经过公司的培训发现世邦的价值观和理想跟他们个人的是相匹配的,那我相信他们就会安心地留下来跟我们一起打拼,一起去追求梦想的实现!

随着中国大陆地区事业处各站的发展,我们在不断地招募人才,那引进人才后怎样培训人才、留住人才呢?

(1)人事主管一定要在第一时间向新员工介绍集团、公司的概况及组织架构,并请新员工认真阅读公司的员工管理守则(业务员还要签署同意"业务员管理规定"),填写员工入职资料。

（2）部门主管和人事主管要把新员工介绍给全体同人，让新员工尽快融入集体而不是成为孤鸟，老同事要对新员工的到来表示热烈的欢迎。第一天，部门或人事主管要力争跟新员工一起共进午餐，一定要让新员工尽快摆脱对工作环境的陌生感和心理上的孤独感，迅速融入世邦这个温暖的大家庭。

（3）一定要做好入职后的第一堂课"世邦集团企业文化及组织架构"的培训，让新员工知道世邦是一个什么样的公司，创始人是谁，文化精髓是什么，企业的经营理念、愿景、目标、使命是什么。力争企业的这些理念能在短时间内取得新员工的认同，使大家愿意为了一个共同的目标、愿景而打拼！

（4）主管一定要教会新员工按照公司的规定书写正确且高效的邮件，使其表现出一个合格职场人应有的素质。

（5）组织要为新员工选择优秀的导师加以辅导，而带新员工的师傅一定要尽心尽责带好徒弟，通过"传、帮、带"让徒弟在最短的时间内掌握必要的行业知识、流程，尽快实现独立工作的目标。请记住："教不会徒弟，累死师傅。"

（6）不管任何岗位，主管务必要教新员工掌握正确的交流沟通技巧；我们是服务行业，不会跟人交流，他/她的职业生涯就是死路一条！

蒋啸冰先生是一位有理想的物流人，他在物流货代企业工作十几年之后，毅然辞职，通过著书立说来当企业培训师。蒋老师所著的《物流江湖——自我修炼之道》中有一个章节专门讨论为什么现在一方面大专院校物流专业越办越多，但毕业生却好像很难找到工作，而另一方面物流货代企业领导一直在哀叹找不到人才的矛盾现象。这正是大陆学校理论教学和职场现实需求之间矛盾的体现，所以我一再强调，孩子们在学校学习时更重要的是培养个人自我学习、逻辑思维、判断领悟的能力,步入职场后再根据实际工作岗位的需要有针对性地去学习、实践、创新,这样你的职业生涯一定会很精彩很成功!

当然,作为企业的领导者和管理者,我们要怀着为社会做贡献的公益胸怀来做企业培训,不要因为怕员工流失导致企业损失而忽略甚至放弃了员工培训;我们应该反过来想,如果不培训,万一这些不合格的员工留下来了,怎么办?公司的服务水平怎么提升、品质怎么保证?现在不是流行说"教不会徒弟累死师傅"吗?

👁 延伸阅读

如何培养一个好的自己

——和君商学院院长王明夫关于职业发展的一次演讲

王明夫

今天我来跟大家谈谈职业选择和职业发展的话题。

首先从就业说起。报上说今年大学毕业生700多万,是史上最难就业年。我印象中,这几年,年年都这样说。反正就是就业很难,找不到合适的工作。有个对话,发人深省,甲说:我想3 000元招个民工;乙说:你别逗了,现在3 000元只能招个研究生吧。想来很是心酸和感慨,一个年轻人把最好的青春年华交给了大学,从那里出来加入求职大军,就像一粒尘埃融入滚滚红尘,你推我操、你争我抢,最终搞得从内到外整个儿面目狰狞、前途迷茫。这现实,很残酷。与这对应的是,到处都在喊招工难、招人难、招高管更难,闹民工荒、技工荒、人才荒、主管荒。和君咨询每天签约2单左右,每年服务几百家企业客户,有央企有民企有外企，有高大上的公司也有草根企业，很少不受人才短缺困扰的。跟我接触的几乎所有企业老板，听说和君商学院人才济济，都眼睛放亮，托我找人，找秘书、找助理、找HR经理、找营销总监、找财务总监、找数据挖掘师、找懂O2O的人才、找总经理……好像整个社会什么岗位都缺人手，眼巴巴望着有人来干。我深知他们求才若渴，企业不缺机会，最缺的就是人才。人才短缺长期困扰企业的发展，年复一年。

瞧瞧，这就是现实。一方面大量的人找不到工作做，另一方面大量的工作找不到人做。而且是越好的单位、越好的岗位，越缺人。同学们你们有没有想过，这是哪里出毛病了？教育出毛病了。这是教育失败的结果。"天生我材必有用"，一匹马一头牛一只骡子都能找到它们的工作，我大活人一个，身体健康，受过高等教育，如果教育给了我良好的培训，怎么会找个工作就那么难？

中国教育的整体状况，我们个人无力去改变。但自己个人的命运，可以奋起自救。怎么自救？不去指望如今的大学或单位把我培养好，我自己来着手培养一个"好的自己"。转变努力的方向，从"努力去找到一个好单位或晋升一个好职位"到"努力去培养一个好自己"。从成功向外求，变为成功向内求。与其满世界去追成功，不如静下心来好好地培养自己，让成功掉过头来追你。追女朋友男朋友、追工作、追晋升、追钱财，何尝不是这个理儿？

你有没有认真想过这个问题：怎样培养一个好自己？什么样才算是一个好自己？这些年你都忙啥了？忙的那些事儿，跟培养一个好自己，是貌似相关还是实质相关，是正相关还是负相关？你闭上眼睛想几分钟，或许想着想着你就开始后怕。你会发现自己多少年来都像是一只迷途的羔羊，并没有走在培养自己的正道上。

同学们听说过八段锦吗？一种传统保健功法，始于北宋，不妨称之为宋朝的广播体操，形成于 12 世纪，分八段，简单易行，治病强身，功效显著。动作有松有紧，动静相兼，气机流畅，骨正筋柔，古人称其为"锦"，意为动作舒展连绵，如锦缎般优美、柔顺、流畅。我很喜欢这段描述，取意于这段描述，我把我关于"怎样培养一个好自己"的理解，叫作"人生如莲——职业发展八段锦"，内容分为八段：

(1)端正成功理念

(2)选择职业方向

(3)建设知识结构

(4)准备从业资格

(5)掌握职业技能

(6)塑造职业素养

(7)学会自我管理

(8)修炼职业境界

你看着这个目录，心静下来，体会一下：这八个题目的总体构成是个什么东西，它们之间的逻辑关系和先后顺序是怎样的？针对每一个题目，你自己做得怎么样、做到了什么程度？你是否走在了"培养一个好自己"的正道上？问自己八个问题吧，结论自明：

(1)我的成功理念对路子吗？我急功近利、急于求成吗？我的人生观和价值观正确吗？正如稻盛和夫的说法：做为人，何为正确？

(2)我适合从事什么职业？我有明确的职业方向吗？如果没有，为什么、怎么办？如果有，这个职业方向符合自己的特质和专长、符合未来社会发展的需要吗？我的职业方向选择受限于我所学的专业吗？根据社会的未来发展趋势，哪些职业方向更有前途、可供选择？

（3）我现有的知识结构是什么？这样的知识结构能支撑我走多远？什么样的知识结构才算是一个好的知识结构？我为此读过哪些书、听过哪些课、平时阅读什么网站和信息？

（4）我拥有什么证书和从业资格？我需要拥有什么证书和从业资格？

（5）我掌握了什么职业技能？我应该学习哪些职业技能？我为此读过哪些书、听过哪些课、平时阅读什么网站和信息？

（6）我拥有什么样的职业素养？我应该怎样塑造自己的职业素养？我为此读过哪些书、听过哪些课、平时阅读什么网站和信息？

（7）李嘉诚说：很多人的状况不理想或人生失败，本质上都是因自我管理上的失败造成的。我有明确的"自我管理"意识吗？我能做好"自我管理"吗？我的饮食、作息、健身、习惯、婚恋、交友、情绪、时间分配等方面，如何进入良好的自我管理状态？哪些方面已经失控了？怎么改正它？

（8）我应该怎样修炼职业境界？为此应该读什么书、听什么课、拜什么人为师？哪里能聆听真正的高人和大师的教诲？

我想多说几句的是：端正成功理念。什么叫端正？什么理念是正的，什么理念是歪的、是邪的？这是个人生观和价值观问题，各人有各人的选择。所谓端正，往哪个方向端？

我觉得，首先需要明白"人生如莲"的道理。人生就像是睡莲，成功是浅浅地浮在水面上的那朵花儿，决定花儿能否美丽绽放的，是水面下那些看不见的根和本。我们太在乎成功，每每全部心思都专注于水面上看得见的花儿，却疏于去关心水面下那些看不见的根和养分。结果是每每事与愿违，花不如意。

莲花初绽,动人心魄,观者如云,岂知绚烂芳华的背后是长久的寂寞等待和生根固本的艰苦努力。《论语》说:"君子务本!"务本才是正道,花开只是结果。不走正道,就没有好果。

怎么务本? 我提出"三度修炼"的和君文化:态度决定命运,气度决定格局,底蕴的厚度决定事业的高度,态度、气度、厚度,三度修炼,持之以恒,日积月累,功到,自然成。功不到,自然不成。人生究竟能否走向成功,因果就这么简单,道理就这么明白。致力于因,功夫下足,自有果报。你的态度端正吗? 你的气度雄阔吗? 你的底蕴深厚吗? 人生三问,命运自明,何必再去找什么算命先生?

秉着"人生如莲"和"三度修炼"的和君文化,我们提出了一些成功理念和功夫法门,这些理念和功夫,值得一生修炼和践行。

（1）只有初恋般的热情和宗教般的意志,人才能成就某种事业。

（2）成功链条:获取基于贡献、贡献源于能力、能力来自努力。

（3）有目标、沉住气、踏实干。

（4）真心诚意、蓄深养厚、成人达己、内圣外王。

（5）激情点燃梦想,习惯成就理想。养成一些好习惯。

（6）知行合一、行胜于言、致良知。

（7）PDCA(Plan-Do-Check-Action):循环往复、持续改进、精益求精、追求卓越。

（8）劳动精神:奋斗、挑战、吃苦、忍耐、坚持。我们鄙视任何贪图安逸、不劳而获、侥幸得到。

第3节 如何写一封正规的商务邮件

电子邮件虽然看起来没有打印出来的商务信函那样正式，但是，电子邮件快捷高效的特性，使之成为日常商务往来的主要工具。在素昧平生的陌生交流中，你在邮件中体现出来的态度和专业就是你的形象、你的名片，因为你的客户和合作伙伴可不会轻易跟写邮件的人随随便便做生意的。能够书写一封标准的、文字流畅的电子邮件是一个职场人基本的素质，也是赢得生意的利器，同时也是万一未来有商业争端或纠纷时的有效证据。

那么，如何书写出完美的英语电邮呢？

主题

每封邮件一定要写明邮件主旨，是感谢信、问候信，是业务询盘、回盘、市场开发，还是工作报告、访客报告呢，请务必为你的每一封邮件定好位。在航运货代物流业，我们提倡这样的做法，即针对业务的邮件最好是在邮件主题上显示订单号或提单号，以便自己和收件人辨识并根据邮件内容归类存档及后续查阅。

问候语

用问候语开始是一封专业邮件的重要标准，根据你与收件人关系的亲近与否，你可以选择使用他们的姓氏来称呼或者直呼其名，如果对方是个德高望重的长者或双方关系不是太近的话，你可以使用他们的姓氏。例如：本人的英文名字是 JOHNNY HUANG，你写邮件给我可以用"Dear Mr. Huang"或"Dear Johnny"。如果跟我关系密切的话，可以说"Hi, Johnny"；如果你联系的是一家公司而不是个人，就可以用"To Whom It May Concern"，然后用"Good day，thank you for your cooperation as always."作为整封邮件的开始。

主体

邮件的主体大概包括以下几个部分：

首先是说明写信的意图。如果你的邮件是为了回复客户的询问，你应该以感谢开头。例如，如果有客户想了解你的公司，你就可以说"Thank you for contacting our company."，如果此人已经回复过你的一封邮件了，你可以说"Thank you for your prompt reply."或是"Thanks for getting back to me."。原则上一旦有机会，一定要谢谢收信人，这样不但会让对方感到舒服，而且显得你很有礼貌，这无疑会增进你们之间的感情，也有利于今后继续合作。

如果是你主动写电子邮件给别人的话，就不要再写什么感谢的字句了。你可以开门见山地表达你写此邮件的目的。例如"I am writing to enquire about..."或是"I am writing in reference to..."。在电子邮件开头表明你的意图非常重要，这样才能更好地引出邮件的主要内容。

其次是清晰地陈述事件。表明意图后，你就可以陈述要说的具体事件了。在陈述事件时，按事件的性质，最好遵循先紧后缓、先重后轻的原则，条理清晰地把事件叙述好。可以用：First of all（首先），Secondly（其次）、Third（再次）、Last but not least（最后但并非最不重要的）等等。书写时记得要注意拼写、语法和标点符号，保持句子简短明了并且使句意前后一致。

最后是提出你的建议或征求对方看法。你可以提出意见，例如，"In my opinion,..."（依我看来，……），"I suggest,..."（我建议……）等等，然后可以向对方征求意见，例如，"It's only my suggestion，what about your opinion？"（那只是我的意见，你有什么看法？）。如果是想请人帮忙的话，可以说"I hope that will not cause you too much trouble."（我希望那不会给你添太多麻烦）。

结束语

在结束邮件之前，再次感谢收信人并加上些礼貌语结尾。你可以用"Thank you for your consideration."，然后接着写"If you have any questions or concerns，please don't hesitate to let me know."，最后写上"I look forward to hearing from you."。

落款

落款写上合适的祝愿语并附上你的名字。这些祝愿语，例如，Best regards、Sincerely 都比较规范化。建议最好不要使用 Best wishes 或者 Cheers 一类的词，因为这些词一般常用在非正式的私人邮件中。最后写上你的名字，最好用签字栏写好完整的公司名号、地址、联系方式，以便客户今后联系。

需要提醒的是，在你发送邮件之前，最好再读一遍邮件内容并检查其中有没有任何拼写错误，这样基本上能保证你发出的是一封比较完美的邮件。

接下来补充一些邮件小技巧。管理顾问公司麦肯锡（McKinsey & Company）调查发现，上班族每天约有 25% 的工作时间是用于处理 e-mail 的。换算一下，如果你每天待在办公室 8 小时，你几乎有 2 小时是花在 e-mail 上，如果再扣掉吃饭、休息时间，可以做事的时间到底剩多少？现在的职场人几乎都患有微信、QQ、邮件强迫症，一直不停地刷手机或电脑，生怕遗漏任何一封邮件或信息，其实这样会使自己的时间碎片化，不利于自己集中时间和精力处理更重要的紧急事情或开好一个高效的会议。

所以建议首先将邮件内容一次性交代清楚，e-mail 的频繁往返，是浪费时间的元凶。常见的例子是客户的迎来送往的安排，比如，下周有一批重要客户来访，是在一封邮件里就把客户到访的航班或动车车次、人数，是否需要安排接机或接车，是否需要预订酒店宾馆、会谈见面的时间及地点等等问题一次性问清楚，还是一个一个问题分别问，这其中效率的高低就泾渭分明了。

等到双方都确认了所有事项后，还可加上一句"无须回复，期待见面"，结束 e-mail 往返。

其次，主旨要一目了然：紧急、重要必须立即回复的 e-mail，最好能够在主旨中交代清楚。例如，需要对方立即回复时，可写明：【重要：务必点阅】关于下周年度总结会讨论事项。

如此一来，收到 e-mail 的人便可从主旨中得知是否要立即处理，还是可以改天再处理，也可以提高 e-mail 的点阅率。

最后，邮件除了发送给直接收件人之外，为了避免遗漏，应抄送给必要的相关人员以确保万无一失。

◉ 延伸阅读

世邦集运（厦门）有限公司邮件收发制度

1.认真学习及掌握邮件收发和使用的正确方式，便于正确使用邮箱、提高工作效率、树立公司形象！

2.上班第一时间即打开邮箱及时处理邮件,直至下班才可关闭。出现邮箱故障,要及时报告请求协助处理(各部门主管需掌握处理邮箱故障的基本技巧及集团 IT 部门协助处理的联络员资料)。请假人员的邮件由各部门主管负责代收发并安排相关人员代为操作。

3.接收到对方之电文查询务必在半小时内回复,需要花上一小时以上查证或索取资料时,请先回复让对方知道你正在处理,并提醒自己务必当天回复给客户。请注意,千万不得让自己的服务质量下降!

4.接收到电文查询或 sales lead,因职务分别或地缘关系,此电文不属于本单位或本人处理的,请务必及时将该电文转给正确单位或当事人,并让寄信人知道你将此封信转给何人处理。而接收到该电文者,应遵守前项之规定并回函副本给转让此电文的同人,以便让他了解你已经在处理了,减少不必要的催讨信函,也让代理及客户肯定我们的服务质量,放心把订单交给 TVL 。

5.凡是接到不明之自来货 booking,请先向客户查询是何人介绍或公司哪一位同人曾向他报价过,以便厘清业务来源。若真的无法从客户的资料辨认订单的来源,请先向该站业务人员及主管查询 Shipper/工厂名称、Cnee 名称/联络电话、目的港、货量(CY or CFS)、付款方式(Prepaid/Collect) 等数据。若无结果,请上报管理层,主管必须迅速向有关人员查询并解决问题。

6.任何重要邮件的发送均需要向各自部门主管请示以征得同意,并在发送时抄送各自主管。

7.各部门主管若发现各自部门人员没有及时回复收到的重要邮件,应提醒并协助处理。

8.重要邮件应清晰分类归档,便于后续查询或求证。

9.及时清理邮箱中的垃圾邮件及不重要邮件,保证邮箱有充足容量及收发顺畅。

10.严禁用公司邮箱收发与工作无关的私人邮件。

11.不明邮件切忌擅自打开,避免公司邮箱或电脑网络受到病毒攻击,影响正常工作。

备注:公司任何人员参阅上述要求后,若还因违反上述规定,造成对公司形象、利益及工作安排极不利影响者,将在年终考评及奖励时给予针对情节的相应处罚,情节严重者将责令辞职。

第4节 制定团队目标的重要性

何谓团队:将复数的个人组成一个集团并且发挥团队功能。一个团队至少必须拥有以下三点要素才能成立:

· 拥有共同的目标;

· 具备实现目标的合作意愿;

· 具备合作所需的沟通能力。

什么样的目标才是所有团员愿意接受,既合理又有挑战性的呢? 设立明确的、有时效性的、可实现的、具有挑战性的目标应遵循 SMART 原则:

(1)目标必须是明确的(Specific);

(2)目标必须是可衡量的(Measurable);

(3)目标必须是得到认可、可达成的(Achievable);

（4）目标必须具有相关性（Relevant）；

（5）目标必须有时限性（Time-Based）。

一个优秀的职业经理人一定要为自己的职业生涯确立一个远大且有意义的理想，然后根据这个理想详细规划现实可行，又有激励意义的短、中、长期目标，最后朝着这个目标带领团队坚定不移地努力奋斗下去，不达目标誓不罢休。

中国经过三十多年的改革开放，已过了经济爆发式增长、遍地是机会的草创期了，国家逐步步入法制化、制度化的发展轨道，这时候，年轻人要克服浮躁、急于求成的缺点，理性地分析自己的优缺点，然后脚踏实地、一步一个脚印地去努力去进取。既不要太自以为是，不要眼高手低，制定不现实的目标，也不要一遇到挫折和困难就逃避就放弃，这两种人都是不可能成功的，而且路会越走越窄！

团队制定的目标一定要兼具挑战性和可实现性。挑战性会让人产生成就感，而可实现性会让人坚持而不会轻易放弃。一个优秀的主管不仅懂得制定个人目标，而且一定会根据自己所处的环境和市场，结合公司的目标及战略，再分析自己团队成员的特点及能力，定出一个具体的、取得成员认可的、切实可行的，具有挑战性，既能激励团队又能让上级认可的月度、季度、年度的奋斗目标。此目标一经确定，就要不折不扣、没有任何借口地去实现——这是一种契约精神！

现实往往是这样的年终考评时，若完成目标了，掌声一片，颁奖领奖的皆大欢喜！而如果没有实现目标，当事人就以各种理由来解释，上级主管大多高高举起轻轻放下，责骂几句走过场，来年还是故伎重演！

其实这是很不负责任的做法，你找的借口一定是理由充分的，问题是你解释汇报的意图就是要组织、上级接受你无法完成既定目标的不良结果？那怎么对得起组织对你的信任及部属对你的追随呢？所以我的结论是：一经确认而制定下来的目标，就要没有任何借口地去完成。如果完成不了，责任人是不是要承担相应的责任？责任人要有目标承诺的原则底线！

希望日本经营之神稻盛和夫先生的语录能给大家启示，也希望主管懂得给自己和团队制定切实可行的、明确的目标，然后带领团队成员没有任何借口、义无反顾地去达成！

👁 延伸阅读

《设立具体的目标》（稻盛和夫著：《经营十二条》，中信出版社 2011 年版）

第 5 节　目标的承诺

最近几年，许多企业领导者和管理者都在感慨如今的"80后"特别是"90后"不好管理、员工流动性高，一直在探讨互联网时代的组织管理模式。

2016 年 4—5 月，虽然忙于筹备集团旗下"世邦厦门"轮在台湾和福建的首航仪式，但我还是忙中偷闲地看了几本好书，其中最受启发的是前思科中国区总裁林正刚先生所著的《正能量》《创能量》及华南理工大学工商管理学院教授、大陆 100 强企业之一的新希望六和股份有限公司联席董事长陈春花女士所著的《激活个体》。

尤其是陈教授的《激活个体》论述的是在互联网时代，传统行业的领导者（管理者）如何适应新形势，用激活的文化来激发员工的动力和主人翁精神，用创新的思维来挑战自我，打破老旧的模式和思维，使企业一来适应不断变化的、充满不确定性的外部环境，二来保持员工持续不断的激情！

陈教授本身除了是著名的组织行为学教授，还兼任国内100强企业之一的新希望六和集团的联席董事长，她提出了一系列经实践证明是确实可行的操作方法，值得我们思考摸索。

今天主要和大家讨论的是陈教授书中关于目标承诺、如何开好月度（业绩）检讨会的内容。

六年前，集团物流事业群在董事长的指示下成立了经营管理企划委员会，每个月由常委会牵头，集团物流事业群各主要主管、中国大陆地区事业处各分公司经理人都到场，用视讯的形式汇报各站的经营情况。六年过去了，我相信有些分公司的经理已经觉得这个会议费时费力、枯燥无味、流于形式了——一切正如陈教授在她书中所说的，一些经理人甚至以各种借口不参加会议，报告也让下属代写来应付！

一个分公司要取得成功，首先要组建一个团结有激情的团队，然后制定一个跟总部目标一致、员工共同认同并愿意协同努力的小目标（这个目标不是经理自己拍脑袋或迫于上级压力拍胸脯拍出来的！），随后，经理的职责就是承担责任，充分调动资源带领团队去实现目标，从而最终促进组织的健康发展。

因此，我们的月度检讨会应由经理们来检讨承诺，检讨我们的行动是否符合公司宗旨、精神和理念，并在会上让大家一起探讨如何通过创新来保持公司可持续发展的优势和活力，而不是照本宣科地读自己的书面报告而已。

这样的月度会议应该是大家所期待和愿意积极参与的吧?!

◉ 延伸阅读

目标承诺

目标的制定和分解是组织决策过程中的一项重要工作,同时更是经理人员理所当然要承担的重要责任。除此之外,目标还是协同大家一致行动的根本要素。经理人员不仅要制定目标,还要设法让组织的所有人员都接受这个目标,经理人员在制定目标的时候,一方面自己要承担责任,另一方面要将部分工作授权给其他管理人员来完成。这样一是可以减轻经理人员的工作负担,更重要的是会使组织的其他管理层以及一线工作人员能够对组织的目标有更清楚的了解和认识。制定目标毕竟只是一种手段,制定目标的初衷是为了让其能够实现,最终能促进组织的发展。

我关注到一种工作会议的方式,是沃尔玛创造并应用的,称为联合工作会(joint practice session,JPS)。JPS 最初是由山姆·沃尔顿发明的,并在沃尔玛得到了应用及发展。之后被乔布斯在苹果公司奉为经典,后来又为艾伦·穆拉利(Alan Mulally)所用,带领福特汽车成功走出困境。拉姆·查兰认为在打造组织灵活性方面,JPS 是他见过的最有效的工具。

山姆·沃尔顿驾驭企业的法宝就是 JPS。他会把公司的核心高管,包括店长和采购、物流及营销等主要职能负责人,聚集一堂,共同探讨如何在日常工作中践行公司的宗旨:天天平价。与会人员聚焦在以下几个问题:哪些商品顾客想要,但我们没有? 哪些商品我们有,但销路不畅? 与竞争对手相比,我们的价格水平如何? 为此与会人员会定期寻访竞争对手的门店,随时掌握第一手信息。此外,还有多少顾客空手而归?在我看来,这个会议的核心是让每一个目标能够成为所有与会人员共同讨论和界定行动的标准,以确保人们行动之间的一致性和协同性。

我参加过很多公司的经营分析会或者工作会议,每次参加会议就会让我有冲动去改造它们。大部分中国公司的每周例会及每月经营分析会其实都是下属对上级的汇报,几乎没有团队协作的成分。不仅枯燥无味,而且费时费力,这些会议甚至让人心生不满,也让人采取应付了事的态度。经营分析会重点关注的是当期预算完成情况,人们总是习惯汇报指标,然后做原因分析。没有完成指标的人,会觉得没有面子,完成指标的会兴高采烈。但是通常在这样的会上,人们并没有真正解决问题,相反,仅仅是信息通报而已,大家既没有学习到技能和优秀做法,也没有得到相应的指点;而上级也只是就事论事,把自己的观点表达出来而已,对下属的士气、业务重点以及彼此协作关心甚少。结果就是,会议上都是一些程序性的表述,甚至有些经理人把准备材料的工作交给下属或者秘书来做,根本就没有认真思考,也就不可能整理出属于自己的思路和解决方案。

如果仔细分析如此开会的原因,就是人们并没有用一致的目标来衡量工作成效,也没有对各自所承担的目标做出承诺,因此也就无法达成一致,并让参加会议的人有所收获,结果这样的情况成了恶性循环。

我也在调整所在公司的月度会议和工作会议,希望引用JPS来调整大家的会议习惯,并希望改变会议的形式以取得效果。JPS会议与大家习惯的会议的不同之处,就是在于能够让目标来界定行为,每一次会议就是一场比赛,每位参会的成员都是运动员,都在时刻响应客户需求,承诺实现目标的要求,随时调整自己。在会议上,大家要能够当场做出决策,及时解决冲突,这样才可以使整家公司变得非常灵活、非常高效。比如,公司推进"福达计划",一个关于养殖效率提升的计划,当发现需要提升养殖户的经营能力时,经营管理部的负责人就会主动请缨,确保安排专职人员负责这个问题的解决。这样的会议机制能让每个人都能着眼于外,以客户需求及市场竞争为出发点;还能让每个人都能从全局出发,着眼于企业整体利益,有效打破条块分割的部门隔阂。尽管大家仍然各司其职,但协同作战的习惯已经成为"福达计划"的文化。市场技术部、经营管理部、技术部以及区域单元的协同,成果自然水到渠成。因为策略对路,新希望六和在养殖户技术服务部分,在同行业中一直处于领先地位。

(https://yd.baidu.com/view/cocazac69a89680203d8ce2 f0066f5335a816725? cn＝5:60,5—78)

第6节 打造一个学习型的组织

董事长在集团通讯中对由我主持的中国大陆地区事业处培训中心这两年的工作给予了表扬和肯定,让我觉得这多年来付出的汗水和执着非常有价值。

但公司的日常培训仅仅依靠每月一次的视频统一培训是远远不够的,作为分公司的经理一定要:

(1)激发同事学习的热情,以身作则养成热爱阅读、勤于写作的好习惯；

（2）针对工作中出现的失误和有意义的经验要马上组织案例学习，让同事从中吸取经验教训，做到"不二过"，既提高员工素质又为公司降低风险。我一再重申："人脑不是电脑"，现代的商业环境过于复杂，不可能有零失误的情况，无心之过总会有，主管应培训员工使其减少失误，并提高他们解决问题、处理客户投诉、获得更高客户满意度的能力。

（3）要善于利用互联网，引导同事们在业余时间碎片化学习，并把各自认为有价值的短文、知识、理念、新闻等内容（一定要正面的，不要八卦或者垃圾信息）发送给同事，与他们分享，扩大大家的知识面并及时掌握行业动态，比如大家热议的韩进海运破产事件等；

（4）各站负责培训的人事专员或经理，要把一些有关行业常识的短视频做成微课件，5～15分钟一集，收集成专辑，利用业余或周末时间组织同事观看。比如集团35周年的宣传片、厦门最近在操作的COWIN钢卷柜现场操作视频、大件物流现场操作视频或厦门码头集团的宣传视频等，这样不需要人人到现场，就可以如临现场般地了解现场操作的流程和模式，理论结合实际，对同人掌握行业基础知识、胸有成竹地应对客户的询问、取得客户信任、顺利争取业务一定很有帮助。

我在前文中一再强调：成人学习是快乐的，大家可以碎片式地针对自己工作中遇到的困难、自身发展的计划，有选择地寻找相应的书籍、课程来学习；这样的学习有的放矢，对工作马上有提升的作用，何乐不为呢？

◉ 延伸阅读

《不可不知的组织学习新趋势》（李海燕，载《中外管理》2016年第7期）

§ 第四章 §

如何成为部属愿意追随的主管

● 作为主管你对部属的需要,远大于他们对你的需要,你的价值是来自于你的部属做了些什么,而不是你自己做了些什么。

● 经理人存在的唯一理由,是为了要倾全力来帮助部属积极快乐地工作,让他们可以达到你想要的目标。只有他们成功了,你才算是取得了真正的成功。

● 新一代年轻人在思想上富于平等精神,更看重的是能力而不是等级制度,他们只忠于自己的事业、自己的职业发展,管理者不能再靠权利、职位对员工"施压",无论是组织还是管理层,只能选择靠实力,靠能力服众。主管应尊重新一代员工,成为他们的偶像,靠魅力"粘住"员工,而非"掌控"员工!

● 请记住经理人的价值在于:充分运用自己所拥有的资源,为组织创造最大的利益并帮助员工取得成功!

● 肯定表扬员工的原则是明确、具体、及时、真诚。

第1节　优秀员工如何成为合格主管并帮助部属成功

　　这里继续和大家分享前思科中国区总裁林正刚先生所著《创能量》的一个章节：一个业务精英如何成为一名合格的管理者并帮助部属成功。

　　众所周知，一名优秀的员工如果不经过充分的培训、没有为员工服务的理念、没有团队至上的精神，那他（她）是不可能成为一名优秀主管的，这个时候，组织提拔这位优秀员工等于拔苗助长，弊大于利！

　　作为主管，个人的业绩不是体现你成功与否的重要标志，考核你是否是一名优秀的主管关键要看：一是你的部门在你的带领下有没有一天天在进步（简单一点，有没有比前任做得好。）；二是你的部属在你的部门有没有获得幸福感、荣誉感、成就感和归属感。

　　厦门世邦近几年一直在稳步发展，人手一直比较紧张，有时外部招聘来不及，我们就内部调配，各部门主管对优秀员工你争我夺，对于一些表现平平的员工却避之唯恐不及，甚至有人抱怨我把不合格的员工归到他们的部门。

　　这个观念是非常错误的，一个团队只有不合格的领导，没有不合格的员工，当你在抱怨员工能力不行、素质不佳的时候，请先扪心自问你自己做得怎样？如果认为自己做得不错，那请问你放下成见和身段，好好培养、训练你的员工，帮助他们成长了吗？公司把一个站点或部门交给你，你就要负起完全的责任，难道当你的部门出现问题、失误而没有达成任务的时候都是部属无能唯你杰出吗？

请记住：(1)员工的潜能是无限的，作为管理者要以挖掘这些潜力为己任。(2)给部属机会是最容易做也是最应该做的事。(3)看部属多用欣赏的眼光，看他们的优点然后对其加以使用，而不要盯着他们的缺点不放。帮员工扬长避短，把员工放在发挥他们长处的岗位上是主管和组织的责任。(4)你想成功晋升首先要让你的部属成功！

👁 延伸阅读

《管理责任：权力 VS 员工成功》(林正刚著：《创能力》，浙江人民出版社 2015 年版)

第 2 节　如何领导"90 后"及培养他们的归属感

进入新世纪，"80 后""90 后"的员工陆续进入职场，"90后"一代的特点很明显，他们富有个性、追求自由、享受自我成就感、善于接受新鲜事物、挑战权威但又崇拜偶像、喜欢被尊重不喜欢被监控等等。针对这些特点，我跟公司主管们一再提到，要领导这些 90 后的同事也很容易，就是成为他们事业上的偶像，让他们信服你跟随你，然后你再释放领袖的魅力，用教练式的领导风格，鼓励他们参与管理甚至自我管理，你只需施加影响力而非通过管理去帮助他们实现人生目标和理想。

近期本人拜读了美国管理咨询大师罗伯特·迪尔茨所著的《归属感》,这位大师用一句简单明了的话阐述了领导力的定义:创造一个员工想要归属其中的组织的能力(Creating a world to which people want to belong),作者根据多年研究详细介绍了领导和管理者需要具备的技巧。

最近和集团阮副董也在讨论这个话题,副董给我的指导是:现在企业要多一点领导,少一点管理;信任和真诚将是最佳领导力。在日常工作中,主管们应用欣赏的眼光多关注"90后"的优点,当他们表现优异的时候要及时给予表扬和肯定;要知道,受到肯定和获得成就、荣誉,是激励员工使其获得归属感的两种最有效的方法。那么,主管要怎样肯定和表扬员工呢?

(1)要提出正面的建议,谈成功率而不谈失败率;

(2)要明确地指出受称赞的行为;

(3)部属有所成就后,立即给予肯定;

(4)赞美要包含这项行为对公司的整体效益;

(5)与公司惯常的做法相符。

请记住表扬和肯定的原则——明确、具体、及时、真诚。希望主管们着重培养这种能力!

👁 延伸阅读

《不懂这些技巧,你就别说自己是好领导》(罗伯特·迪尔茨著:《归属感》,北方妇女儿童出版社2015年版)

第3节 如何当好主管

这几年，由于劳动力成本的上升以及国际贸易的不景气，货代物流行业普遍面临严峻的经营压力，我们这个行业中的企业，包括世邦集团中国大陆地区事业处的一些站点也遇到了人员流失率过高，不容易找到优秀的、稳定的员工的问题。

我经常强调，如果一个主管只会用涨薪去留住要离职的员工恐怕是很辛苦的，个中缘由就像上次香港 HIT 码头工人罢工一个多月，资方却一直没有妥协，因为这个先例一开，后续的多米诺骨牌效应就会呈现出来而让你穷于应付。

作为主管，你要让员工跟着你看得到未来；跟着你，他们的物质、精神两方面的需求都能得到满足。如果你做到这两点，相信没有员工会离开这么好的主管！

令本人比较骄傲和自豪的一点是，自 2011 年以来，厦门世邦员工流失率是比较低的，公司的经营状况也一直在稳步地发展。

最近，我看了盖洛普管理丛书之一《首先，打破一切常规》（*First，Break All the Rules*），书中有一个很尖锐的观点，即为什么员工慕名加入我们公司，但进来后有一些会大失所望进而离开公司呢？

经过盖洛普的调研发现，员工加入公司，他们能待多久、在岗位能否敬业、能不能贡献他们的天赋才干为公司创造业绩，跟企业的老板和最高层其实没有太大关系,主要取决于一线经理是否优秀和有担当!所谓的"加入公司、离开经理"就是这个道理。

一个企业的企业文化再优秀,如果它的一线主管没有很好地加以传承,反而骄横跋扈、损公利己、不负责任,那么再优秀的企业也留不住优秀的人才。

以下几点,是我在做此专题培训,与听众互动时受训者提出的一些令人深恶痛绝的上级主管的缺点:

(1)逃避责任、没有担当;

(2)不务正业、夸夸其谈;

(3)骄横跋扈、独裁、固执、听不进别人的意见或建议;

(4)不近人情、刻板;

(5)言而无信、不守承诺;

(6)安于现状、碌碌无为、不思上进;

(7)任人唯亲、赏罚不明;

(8)心胸狭窄、锱铢必较。

同时这本书,也给了我三个方面的深刻启迪:

首先,盖洛普(一家世界知名的管理咨询公司)认为人的一生有三种才能:技能、知识和天赋才干。技能和知识可以通过后天的学习和培训加以提高,但天赋才干却是天生的,无法学习的。所以优秀经理人的基本职责就是要知人善用,把员工的天赋才干转变成公司的业绩,而不是试图改变员工性格上的欠缺去制造完人。

这就是董事长曾经在一期集团园地阐述的道理:不要把鸭子赶到老鹰学校!把鸭子赶到老鹰学校只能累死鸭子,同时也让老鹰灰心!

所以只要员工的性格欠缺并没有影响工作就宽容一点,但一旦这种欠缺成为缺点而导致工作表现不佳时，经理人就要用以下三种方法帮助员工取得成功：第一，发明一种支持系统来克服员工的缺点；第二，找一个互补的工作伙伴；第三，前面两种方法都无效就换一个职位。

其次，我们在管理上经常有个误区，就是忽视表现优秀的人，而把太多的时间和精力放在辅导后进上。其实这样做是在释放一种错误的信息：你表现得越好，从领导这边得到的关注和时间越少，这会大大伤害那些表现优秀的员工的心！

盖洛普建议我们：关注你的明星员工，花更多的时间和他们在一起，以激发他们的荣誉感和自豪感，从而去为企业创造更多的业绩，但前提是公平、公正、公开！

最后，优秀的经理人知道怎样发现和寻找正确有效的激励方式，让公司的奖励和肯定能真正打动员工的心，真正起到奖励先进激励后进的作用。

如果你一时想不出比金钱更能激励员工的方式，建议不如开诚布公地询问你的部属，他们一定会给你准确的答案。

👁 延伸阅读

如何让下属愿意跟随你？

张顾严

很多管理者对于如何提升自己在团队中的影响能力方面非常在意，问得最多的就是如何去影响下属，如何让下属愿意跟随自己，为团队或者企业尽心尽力。的确，一个领导对下属的影响力，决定了团队的战斗力和凝聚力。

那么如何让下属心甘情愿地跟随领导？从以下四个方面给大家讲述。

第一，设定目标。很多人说，目标每个企业都有。问题是企业的目标和个人有什么关系？很多企业的目标宏伟高尚，但是下属却提不起精神。为何？你再好与我没关系。我为什么会跟随你？举个简单例子。假设你是位女生，甲和乙都向你求婚。甲说："我有 200 万存款，100 万的房子，30 万的汽车，我一年收入 50 万，你跟我吧。"而乙则说："我有 100 万存款，但是只要你跟我结婚，钱都归你管；我只有 20 万的车，但是车给你用；虽然房子不大，但是只要你跟了我，产权证一定加上你的名字；虽然一年收入只有 30 万，但是我会努力的。不仅对你感情专一，更要让你生活越来越幸福。"各位，你会选择谁？很多朋友几乎无一例外地选择乙，为何？甲虽然很好，但是女生跟了乙，她会有好处，也就是乙好她就好。

所以，各位领导者，如果你希望下属跟随你，要注意的是以后的任何目标不要自顾自说，而是要把企业目标和下属结合，下属的主动性自不必说！

第二，换位思考。如果你是下属，当老板告诉你开会不能开手机时，老板的手机却铃声大作，你会做何感受？给大家个例子。甘地被称为印度"圣雄"。一次，一个妇女带着孩子来找甘地，说，孩子很喜欢吃糖，家长说他不听，他只听甘地的，所以就走了很远的路过来，希望甘地教化他的儿子。甘地听完后说，一周之后来找我。一周之后，当妇女带着孩子来到的时候，甘地摸了摸孩子的额头说，不要吃糖，吃糖对牙齿不好。然后示意妇女可以了。妇女很生气，既然这么简单一句话，为何还要等一周再来。甘地轻声说道，因为一周之前，我也在吃糖。

作为一个领导者，哪怕你的权利再大，如果不能以身作则，要期望得到下属长期的跟随和认同，是不可能的。所以提醒各位，下属不听你说什么，而是看你怎么做。如果希望下属能上行下效，那就严于律己，才能其身正，不令而行。

第三，情绪管控。非常多的领导者不懂得情绪管控。一次调查得出，领导者的情绪会直接影响下属情绪。而几乎所有的下属，都不喜欢跟一个喜怒无常的领导共事。因为捉摸不透的情绪，总是让自己在工作时战战兢兢。而我们发现，一个被下属认可和跟随的领导，绝大部分时候，都是个懂得控制情绪的人。所以，作为一个期望提升个人影响力的领导，适当控制自己情绪，知道什么时候该用什么情绪，才能更好地影响下属的行为。

第四，不要随意插手下属正在做的事。许多领导对于工作的态度是，我厉害，我来做。殊不知，一个处处抢着做事的领导，一定会造就一批无能的下属。而对于一个有上进心的下属，没有自己独立完成工作的机会，实际上是一种失败的表现。作为领导者，懂得适时适量的授权下属做事也是一种很好的影响方式。

作为一个领导者，如何让下属跟随你其实并不难。换位思考，站在下属角度看看。如果你是下属，你就会知道什么样的领导是你特别想跟随的。领导者必须修炼自己的影响力，让下属愿意跟随你。记住一点，团队效率永远大于领导个人。同时，一个发自内心跟随你的下属，会主动积极地为团队创造更多更大的效益。

世邦集运（厦门）有限公司员工问卷调查

1.你知道公司对你的工作要求吗？

2.公司是否提供给你做好工作所需要的材料和设备？

3.在工作中,你每天都有机会做自己最擅长的事吗？

4.在过去的七天里,你是否曾因工作出色而受到表扬？

5.你觉得你的主管或同事关心你的个人情况吗？

6.公司或部门有人鼓励你的发展吗？

7.在工作中,你觉得你的意见受到重视吗？

8.公司的使命/目标使你觉得你的工作重要吗？

9.你的同事致力于高质量的工作吗？

10.你在工作单位有一个最要好的朋友吗？

11.在过去六个月内,公司有任何主管与你谈及你的进步吗？你希望主管多长时间能和你交流沟通一次？

12.过去一年里,你在工作中有机会学习和成长吗？

13.你在公司的职业生涯规划/目标是什么？

14.你希望得到什么样的奖励方式(书面、口头)？

15.你对公司发送给员工的生日礼物、优秀员工奖励等礼品有什么建议？

16.你对公司任何的意见和建议。

填写人：

日期

第4节　树立正确的大局观

公司的中层管理者在企业内部起着承上启下的桥梁作用，要非常清晰地了解公司的发展战略、中长期目标，理解上级的领导风格和做事方法，以超强的执行力不折不扣地超额完成上级交付的任务并与之形成默契，成为上级的贴心助手和放心的托付者；同时，又要成为自己团队的领头羊、部属信任的被追随者，以身作则带领团队去实现组织的目标，进而帮助员工进步成功。这是纵向关系，对于大部分的中层管理者而言还是比较容易理解并做到的。

在企业中，经常出现尖锐矛盾且难以平衡的关系是部门间的横向交流和协调，各部门主管出于各自团队利益，经常用"本位主义"来思考和决定自己的行动，导致一个庞大的集团形同散沙，难以形成合力去和外界竞争，久而久之就会出现所谓的"山头主义"或诸侯割据的不良状况，这些弊端的根源就在于中层管理者缺乏从大局出发的主人翁精神，对一个集团化企业来说是非常不利而有害的。

一个优秀的职业经理人要追求进步和提升，一定要跳出自己的一亩三分地，从公司的大局出发，站在比自己高一阶的位置思考问题。部门主管一定要站在分公司经理的位置，分公司经理一定要站在区域总经理的位置，区域总经理一定要站在事业处执行长的位置思考问题，以此类推……这时候，你就会豁然开朗,发现原来对上级的想法及思路一直百思不解,现在这些问题都迎刃而解了。而且站在高一阶的位置去思考问题,除了让你学会像上级一样去处理问题,还倒逼你用高一阶主管的标准来要求自己,努力提高自己的各项素质以胜任高一阶岗位的工作,等机会真的来临,你就是老板心目中的最佳人选!

下面我再和大家强调一下一名优秀职业经理人必备的基本素质和标准:

(1)一名优秀职业经理人成功的关键不是看他自己多厉害,而是看他的团队有多成功;

(2)衡量一名职业经理人是否合格要看团队在他的带领下有没有比以前更进步更出色;

(3)优秀的经理人要懂得广揽贤才,能把每个团队成员培养得比自己出色,使其在自己不在现场的情况下也能高效有序地工作并超额完成组织目标;

(4)优秀的经理人要无私贡献自己的聪明才智和所有资源,为企业创造最大利益并带领团队成员走向成功;

(5)优秀的经理人要懂得感恩和分享,要保证员工的福利和福祉,一定要记住"财散人聚、财聚人散"!

(6)一个优秀的职业经理人一定要拥有奥运选手的竞技精神,成为献身工作的痴狂者。

◉ 延伸阅读

经理要有大局观

宋新宇

在企业里经常发生的一幕,那就是岗位职责定义不清加上沟通不畅,让本来可以做好的事情没有做好,而部门之间相互推卸责任,让公司的氛围从相互信任变成了相互不信任。这里面老总自然负有主要责任,没有把事情理清楚,也没有把相关部门的责任和权限界定清楚,以至于公司里出现了没有人管的地带,影响了业务。

但业务部门和支持部门经理对不好的结果就没有责任了吗?他们"坐等老板明示"的态度就是正确的吗?显然不是。如果业务部门或者支持部门的经理看到问题后能够及时相互沟通,也许他们自己就能把问题解决了。即便退一步,如果两个部门的沟通达不成一致,两个部门把问题升级到老总那里,三方一起也一定能找出一个解决办法。

为什么很多管理者在实际工作中不走上文提到的这显而易见的两步把问题解决掉,而是坐等上级的指示?我认为是很多经理还没有学会经理应有的大局观。大局观是什么?就是跳出自己的部门,跳出自己的部门利益,站在公司整体的角度考虑问题。经理可以不是总经理,但一定要能以总经理的方式思考,那就是从全局,从公司,从解决问题的角度,而不是从局部,从部门,分段考虑。只有这样,问题才能得到合理的解决。

为公司解决问题,而不是固守自己的岗位才是一个经理的真正责任。每个人都有自己的岗位。在快速发展的企业,岗位设置通常是不清楚并且经常变动的。在这个过程中老总不是万能的,经理不能等待他洞察一切后再发起改变。经理不应该等待老板发问,而应该主动行动。一个经理仅仅在确定的岗位职责上做到位是不够的,他应该在需要的地方补位,甚至有时越位,帮助老总把事情做成,把问题解决。如果老总授权不够,他应该要权;如果对解决问题有帮助,他可以在知会老总的前提下越权。

这样的人,才是有全局观的人。这样的人,才是积极主动的人。这样的人,才是有行动力的人。这样的人,才是未来能为公司挑大梁的人。

（世界经理人. http://blog.ceconline bbs.com/BLOG-ARTICLE-101625.1＋TM, 2012-02-08）

第5节　主管培养团队及轮调的重要性

董事长一再强调世邦集团经营理念中"世代传承"的精髓,以及为了实现这一梦想,集团中高阶主管轮调的重要性。

在此,我再次和大家分享我对此的感悟和心得。

首先,职业经理人的责任是帮助企业完成它的使命,所以一个称职的职业经理人一定要了解本企业的文化、理念、愿景、使命等,知道自己需要做什么(包括动用自己的一切资源)来帮助企业实现这个使命,将自己的团队带好,帮助自己的老板成功!

其次,要建立一支拥有共同愿景和目标,愿意为之协同努力的充满激情的团队。记住领导是责任不是权力,公司赋予你权力是为了方便你更好地工作而不是满足你的虚荣心,你的主要任务就是要以身作则确保完成公司的使命、帮助员工成功,而不是先考虑自己的利益和得失。

最后,忠诚永远是一个职业经理人最基本的职业准则。职业经理人应该服从命令听指挥,在与上级充分交流沟通的基础上,服从上级从集团高度对个人的工作调动和安排,并在任何岗位上都能做出卓越的贡献!

相信各位主管如果能按照董事长的教导,用"三心二义"(爱心、细心、用心;对客户讲道义、对同事讲情义)的精神去思考去指导去实践,就一定会成为一名优秀的职业经理人,成为世邦未来百年基业的传承者!

◉ 延伸阅读

轮调制度

世邦集团李健发董事长

"50后"的高阶主管,带领着"70后"、"80后"的各级主管跟基层的"90后"同人一起打拼,是很多企业的写照,世邦也不例外。面对不同世代的成长环境和经验,世代差异一定会存在,重点是如何调整心态,面对和理解不同世代的价值观,用有效的沟通方法,做好教练式的领导,才能打造出跨世代的优质团队。

　　六七年前为了融合跨世代不同的经营思维,提升公司整体运作效率和竞争力,本人毅然决然将"集团物流事业群"交由年轻世代来领导,运作至今,已日趋成熟,尤其在各项决策制定方面,已能掌握决策方向和质量,充分展现出年轻一代的智慧和能力,颇感欣慰! 在此,我必须强调年轻一代接棒固然可喜,但建立让人力流通顺畅的活性化工作环境更为重要。个人认为,最好的泉水,一定引自源源不断的活水,而非一潭死水,人才唯有活性化,才能创造出财富的环境。

　　谈到"人力流通",本人极力倡导的"轮调制度"正属于这一个环节。"轮调"是企业培养领导人的重要方式,可以扩大轮调者的见识和能力,为企业带来兴利和除弊的好处,并且可以培养未来的领导接班梯队,尤其是中、高阶主管必须经过轮调的历练,才能被赋予重任且游刃有余。

　　个人深信,轮调有助于老店新开,可以打破主管的本位主义,为组织带来新的创意,毕竟一个人在同样位置待久了,会出现行动惯性,把不合理的事情都视为理所当然。尽管人员轮调对企业来说有其必要,但的确也存在着相当风险,这就是集团重要主管轮调太少的原因,必须要考虑到轮调者的专长、职务、职位及个人因素。如何在安定及不影响业绩的状况下实施轮调? 那就是我常说的"要把人摆在对的位置上",让每位同人都能适得其所,发挥所长,才能相得益彰。

第6节 激励员工不用钱

从 2008 年开始,随着世界经济危机的爆发,全球经济的进一步恶化,中国的经济形势,特别是出口贸易一直处于下滑态势,出口货量急剧下降,但货代企业由于进入门槛低却越开越多,货代物流业的竞争趋于白热化,整个业界处于一片红海。

与此同时,由于国内的通货膨胀、物价上涨,员工的薪资虽然一路上扬,近 5 年已上涨了 30％～50％,但还是无法满足基层员工在厦门生活、工作的最低需求,时常还是会听到员工抱怨工资不够用的声音。

鉴于以上几个原因,我们的经营环境极为恶劣,如果不加倍努力,积极开源节流,创造比以往更好的业绩,那么,就会出现员工流失、企业获利下降甚至亏损的局面。

但真的顶住经营亏损的压力,先满足员工的要求,给员工涨薪调高福利,就能留住员工吗?

根据专家学者的研究和实践经验,薪资,五险一金,午餐、误餐补贴等福利是"保健"因素,它只能起到降低不满的作用,不是激励员工的主要因素。管理大师德鲁克说:"物质奖励的大幅增加虽然可以获得一定的激励效果,但付出的代价实在太大,以致超过了激励所带来的回报。"事实证明,高薪并不能买到人才的忠诚和对事业有所成就的渴求,而且随着时间的推移和报酬的提高,提薪所带来的激励效应就会逐渐衰退直至消失。另外，"保健"因素的最大特点是只能升不能降，更不能取消，否则会引起员工的强烈不满甚至离职。

同时专家研究发现，尊重、赞美、荣誉、情感、沟通、参与、兴趣、危机、竞争、培训、提升、愿景等非经济手段的激励因素能带给员工强大的行动力，使用这些激励方法，管理者将不用再考虑激励成本，激励效果却能大大提高且持久。

我建议各位主管激励员工要在以下三个方面多下功夫：首先要给自己和团队设立合理的、可行的、明确的目标（一定是要有激励性质的、具有挑战性的目标），目标可以由下属先提出，然后你跟他沟通和修正，最终确定下来，这样你和你的团队就有了共同的、明确的前进方向和奋斗动力了。

其次，要做好领导者、管理者的模范表率作用。领导者必须以身作则，将自己的能力和涵养都修炼到一定的高度，才能够让员工在自己身上看到希望和寄托，才能让员工死心塌地地追随自己。我一再强调身教胜于言传、榜样的力量是无穷的！如果身为主管因为这方面或那方面的原因无法遵守公司规章制度，迟到早退，没有进取心，试问这样的领导能带出杰出的团队吗？员工能从你身上看到他们想要的未来吗？

最后，要描绘集团、公司、团队美好的愿景，共同的愿望和梦想，可以将大家紧密地结合在一起，推动大家顺利地完成任务、达成目标、拓展事业，并在此过程中实现自己的人生价值。

我在厦门世邦提出的愿景是"把厦门世邦打造成厦门最好的货代公司！"注意：不是最大而是各方面都赢得荣誉和口碑的最好！

我敢问各位，你提出什么愿景给你的队员了吗？没有目标、没有愿景，员工来你这只是打一份工，赚一份养家糊口的薪水，当然要和你斤斤计较薪资、福利的多少了！你不能怪你的员工，认为现在的年轻人不理性、不讲道理！

我最近精读了人民邮电出版社出版、唐华山编著的《激励员工不用钱》一书，引发了以上感想，供各位主管体会，希望大家能将书中一些非物质方法应用到工作中去满足员工的心灵需要，让自己和员工充满激情、自动自发地工作。

请记住：比金钱更能激励员工的是公司和上级对自己的肯定和赞赏，他们为此而获得的成就感和归属感比获得金钱的短暂喜悦要持久得多。其中，提携员工是让员工感受到组织肯定和重视的最佳手段。

◉ 延伸阅读

关注每一个人的梦想

轶名

如果你只会用涨薪去留住员工，那证明你的企业在人力资源管理方面的手段是苍白的，涨薪一千元带来的效果可能会被对手多涨的一百元轻易瓦解。而梦想管理就弥补了这样的苍白。

当然，梦想管理并不是闪电般地去实现梦想，关键在于过程。发现员工内心的梦想，这是寻找的过程，为他的梦想添柴助力，这是实现的过程，尽管我们可能会一直在路上。

关注也不仅仅存在于上级对下属，梦想管理计划的实施也会让员工以对待梦想的热忱和能量来对待工作，更加关注公司的经营状况，工作的活力与潜力会被充分挖掘出来。

诚然，梦想在很多时候都会和财力相关，所以有的企业采用了启动"梦想基金"的做法,公司里的每个人都有机会提取这笔基金用以成就梦想。为了把这笔钱早日扩充成为足够每个人去实现梦想的庞大基金,那么不用领导者操心,梦想会被自然分解,分解到每天的效益提升中,分解到部门与部门之间的合作中,分解到超出客户期待的优质服务上

然后要做的是,让员工的梦想公开化,这样,企业将在亲密而团结的氛围中向梦想前进。

(https://club.1688.com/threadview/35329122.html,2013-05-03)

§　第五章　§

营销技巧

针对日常与客户交往的忠告：

1.应掌握扎实的行业基本知识，以赢到顾客的信任。

2.不可虚伪或夸张。

3.不可强行推销。

4.切忌没有时间概念，约会、开会、工作进度都要讲究时间。

5.避免拜访客户或开会时接听手机。

6.拜访客户应事先准备，主题明确。

7.切忌哗众取宠、喧宾夺主，打断对方的谈话。

8.切忌与客户争吵，不要指责客户的错误。

9.切忌不修边幅，举止无涵养。

10.不要贬低你的对手。

11.遵守约定事项。

12.站在客户立场为其着想。

13.做好售后服务，订单到手才是服务的开始。

第 1 节　优秀业务员的素质

任何一家企业想要在行业立于不败之地，或想成就一番丰功伟业，一定要依靠一支强有力的销售团队去推广、宣传、售销自己企业的产品或服务，以赢得目标客户的认可，满足客户生理或心理的某种需求，从而实现企业的经营目标。所以业务员在企业中的作用是非常重要的：

（1）业务员实现企业营业收入；

（2）业务员代表企业与客户建立良好的关系；

（3）业务员促进产品/服务的研发；

（4）业务员是战胜竞争对手的排头兵。

航运货代物流业属于服务行业，更讲究全员营销。美国营销大师菲利普·科特勒在他的经典著作《市场营销》中说过：

成功的服务公司既把注意力集中在顾客身上也集中在职员身上，他们懂得服务利润链，把公司的利润和雇员及顾客的满意连在一起。这条链有 5 个关节点：

内部服务质量——高级职员的挑选和培训、高质量的工作环境；

对前线服务人员的大力支持，这些能够促成——

满意的和干劲十足的服务人员——更加满意、忠诚和刻苦工作的雇员；

这些能促成——

更大的服务价值——效力更大和效率更高的顾客价值创造和服务提供；

这能促成——

满意和忠诚的顾客——感到满意的顾客，他们保持忠诚，继续购买，并介绍其他的顾客；

这能促成——

强盛的服务利润和增长——优秀服务公司的表现。

既然营销工作在企业中这么重要，而且初出茅庐、刚步入社会的社会新鲜人也大多把从事营销工作当作自己职业的首选，那请你自查一下是否具备以下素质：

（1）较高的职业道德，洁身自好，热爱本职工作；

（2）让人信赖的自我形象，良好的沟通技巧和易于亲近的第一观感——亲和力；

（3）把握市场动态的敏锐洞察力；

（4）有关承运人的基本航线、运营情况、物流方面的基础知识较全面、扎实；

（5）善于察言观色，顺应客户需求，随时了解客户的真实意图；

（6）要有强烈的责任心和使命感；

（7）勇于接受挑战、接受磨炼；

（8）设立切实可行、有一定挑战性的目标，然后乐观、积极地坚持下去，不达目标誓不罢休；

（9）文明礼貌，虚怀若谷，终身学习。

如果你具备以上素质，恭喜你，你是一个有业务潜质的营销天才，可要好好把握哦！我经常说，人在职业生涯中一定要在某个时间段从事销售工作,因为销售就是建立人与人之间的关系,把自己成功推销出去的课题。如果你是一名优秀的营销人员,那这辈子一定是衣食无忧!只要掌握了正确的营销技巧,那么不管将来从事什么行业,只是在推介不同的产品或服务而已,只需用一定的时间熟悉自己的产品或服务之后,就可以做出非凡的成绩。

◉ 延伸阅读
　　陈彦宏的博客

第2节　如何突破陌生拜访的门槛

　　从表面上看,从事销售行业的门槛较低,初出茅庐、缺少资金或没有任何背景又急于追求财富、实现梦想的年轻人往往选择投身销售这个职业,将其视为创造财富、实现梦想的"起跑点"。但是,销售在给这些人追求梦想,实现梦想机会的同时,也会让他们遇到种种困难。那些没有销售经验、没有专业知识、没有资金支持、没有人脉关系的社会新鲜人,往往在开始从事销售工作的一段时期内会遇到很多困难,很少或根本拿不到订单。

　　可以说,做销售最难的就是突破陌生拜访的门槛,很多初出茅庐的"菜鸟"拜访客户,可能一到客户的门口就被保安、总台给拦住了,不得其门而入,备感挫折。其实这是做业务的常态,即使是业务精英也不是常胜将军,也经常被拒绝。一般一个初出茅庐的业务"菜鸟",他的业务成交率大概是1%～5%,一个成熟的老业务员也就10%,如果业务成交率达到20%以上就可以称作业务精英了。所以,当你在哀叹自己老是被拒绝、老是拿不到订单的时候,我请你先扪心自问一下,你拜访客户的基数达到什么数量?况且航运货代业经过近三十年的迅速发展,目前已进入成熟期,加上这几年世界经济不景气导致进出口货量大幅减少,从业人员却急剧增加,竞争尤为激烈,如果不付出不亚于任何人的努力,怎么可能获得成功呢?

此外,你是否具备扎实的专业知识去赢得客户的信任?日本著名寿险销售大师原一平曾说过:"销售成功其实很简单,就是要最大限度地将自己和客户之间的陌生感消除掉。"在他看来,任何一个业务员和客户的关系都要经过从陌生到熟悉这样一个过程,陌生拜访做得越好,赢取订单的机会就越多,关键在于用专业的知识和贴心的服务赢得客户的信任并促成生意。

再者,拜访客户的时候你应该保持良好的心态:你跟客户的地位是平等的,因为你是专业人士,你是来为客户解决问题的,客户拒绝你其实就是在对自己未来的快乐、财富、幸福说"不"。

最后,一名金牌销售人员会把客户的拒绝当作成交的机会,他会去思考客户拒绝的原因,然后想方设法解决这些问题来满足客户需求,进而成为客户的得力助手和可靠的合作伙伴。

那么客户在哪里呢?

(1)打电话黄页上的电话号码;

(2)扫楼;

(3)参加各种展会、商品交易会、投资洽谈会、论坛等;

(4)电视、报纸上的信息,特别是企业提单、发票、营业执照等文件的丢失启事（这表明这个企业还在进行经营活动）；

（5）互联网、网上论坛、招聘启事、QQ 群、微博、微信群等；

（6）商业联系：如台商协会、物流协会、货代协会、企业家联合会、各地商会等的名录，特别是各协会、商会组织的活动要积极参加，可以认识很多朋友和客户；

（7）指定货客户的开发；

（8）现有客户群的延伸，请客户介绍朋友、产业链上下游的合作伙伴、工业园区的邻居等；

（9）社会人脉关系：同乡会、校友会、联谊会、社团、驴友、球友等；

（10）政府单位的资料：如海关、商检、边防、船代、商务局（厅）、发改委、国资委、统计局等部门公布的资料。

找到了这些客户后就可以准备打电话预约见面时间，或先打电话推销公司的服务或产品。

我一直和业务同人分享：由于受 2008 年开始的世界经济危机的影响，中国的进出口外贸形势一直处于低迷萧条阶段，身处国际贸易产业链一环的货代物流航运产业自然无法独善其身，竞争异常激烈，客户自己的处境已非常困难，每日备感煎熬，还要受这些陌生推销电话的骚扰，当然表现出不胜其烦的厌恶，肯定会找各种理由来搪塞甚至直接拒绝：

（1）没有时间；

（2）不需要你们的产品或服务；

（3）有长期合作的单位；

（4）对你们不了解；

（5）研究研究再决定要不要合作；

（6）请先把资料传真过来看看；

（7）需要时再打电话给你，你就不要过来了；

（8）不感兴趣。

作为一个有经验的业务员在面对客户拒绝的时候，首先：

（1）知己知彼，事先对客户进行一定的了解，确定对方是否是自己的潜在客户，对方的需求是什么，目前的业务存在什么困难；

（2）表明身份，让对方在最短的时间内知道你是谁；

（3）知道如何用敏感的话题来抓住客户的注意力；

（4）通过介绍产品或服务的利益点来引起客户的兴趣；

（5）尽量用"二选一"的方法争取与客户面谈；

（6）及时结束通话，并向客户致谢。

相信通过前期的充分准备，用敏感话题有技巧地抓住客户的注意力，客户一定会安排时间让你登门拜访作进一步的深入交流。清华大学著名学者李稻葵先生在央视财经频道《开讲啦》中曾讲述他的一个好朋友如何突破陌生门槛顺利谋到理想的华尔街职位：

> 我想跟各位分享的，不是我个人的故事，但是是我一个非常好的朋友的一个故事。这位同学于 20 世纪 80 年代出国了，在波士顿上大学。他一早就想清楚了，他要搞金融。他本身是学外语的，他的学校并不是所谓的名校，他怎么能够进入金融这个圈子呢？每一个周末，他坐着公共汽车进城去波士顿。而美国的公共汽车，可不是北京、上海的五分钟一班呐，那是一小时一班！他需要背着干粮，背着面包，带着可乐，带着牛奶，一走走一天。去哪儿呢？去波士顿的金融街，那里面有很多基金公司的办公室，还有很多投资银行的分部的办公室。干吗呢？大厅里看着那个门板，记下来这些公司的负责人，名字是什么，部门是什么。干吗呢？找到公司的总部的这些总机，打电话

过去：我要跟史密斯先生谈一谈，他是哪个哪个部门的。总机的接线员一听，这小伙子还挺靠谱，可能是一个业务伙伴，放进去吧。于是我们这位同学，就通过这种方式，跟华尔街在波士顿的分公司就接上头了。很快就去这家公司做实习生了，再过五六年，经过他自己的不懈努力，最后成了全球三大投资银行之一的亚太部的总管，现在已经下海自己创业，办了自己的私募股权基金。

希望这则故事对大家突破陌生客户门槛，达到约见客户的目的有所启发。西点军校培养真正优秀学生的十条秘籍之第五条就是"你必须打那个你不想打的电话"。有很多时候，我们不得不做一些我们非常不想做的事情，但只要这件事情从长远来看是有价值的，我们就必须去做，如果你因为害怕或心理障碍而放弃，那不但没有解决问题，而且是在浪费时间和生命！

◉ 延伸阅读

1.《怎样约见客户》（林正刚. http://www.360doc.com/content/16/1201/09/3698855-610944313.sht）

第3节　如何好好地聊天

见客户之前我们要做好哪些准备工作呢？

(1)迎合客户观感的仪表：整齐、清洁、大方；

（2）妥善准备促销工具：名片、公司简介、价格表、笔、纸、笔记本、精美小礼物；

（3）事先了解客户情况，计划好客户可能提出的问题，预做演练；

（4）力争创造温暖愉快的第一印象。

见到客户后，以什么样的方式开场也有讲究，你可以：

（1）以提出问题开场；

（2）以赞美开场；

（3）以赠送礼物开场；

（4）以引证介绍人的意见开场；

（5）以展示、介绍产品开场。

接下来就是你与客户深入的沟通进程了，营销技巧的最基本方法就是沟通，沟通的基本招数有以下几个：

（1）要懂得用简单的语言把复杂的问题表达清楚；

（2）要让对方感到遇到知己了；

（3）要永远用正面的语言与对方交流，让对方感到温暖，自己也充满信心；

（4）要敢于承认自己的不足和缺失，用好奇心引导对方分享自己的想法，在自己收获智慧的同时也让对方获得心理上的满足；

（5）不论对错都不争辩，要清楚自己是来跟对方做生意的，不是来参加辩论大赛的！

（6）在不完全了解对方背景的时候，千万不要说长道短，特别是议论公司、同事、亲朋好友等的缺点或不足。

跟客户的聊天内容可以是包罗万象的，比如：公司的名号、Logo、社区、学校、专业、老师、同学、家乡、旅游、新闻，甚至是客户喜欢的八卦，所以我是鼓励业务员在业余的时候，涉猎不同的领域获取更加丰富多彩的谈话内容,而不至于遇到不同客户因无话可聊而冷场,当然要注意把握分寸,知道自己此行的目的,不是海阔天空胡侃一通,到最后把主题都忘了!

与客户初次交谈要注意一些禁忌的话题不要涉及:

(1)客户身体的缺陷及个人隐私;

(2)与政治有关的话题,客户的商业机密;

(3)不要轻易议论公司、同事、亲朋好友的是非;

(4)不要用太专业的术语或简称与客户交流。

坚持以上的训练而养成你的沟通习惯,你一定会成为受人欢迎的营销高手!赠送集团营销泰斗阮副董的三句营销金言给大家:"思路一变、市场一片"、"不怕市场不景气就怕自己不争气!"、"请记住市场永远没有饱和一说,你说市场饱和是不是意味着不要竞争了?"

◉ 延伸阅读

把天聊死是一种怎样的感觉

李筱懿

我是一个反射弧比较长的人,说好听点,叫稳重,说难听了,叫呆。比如,一群人说笑话,我总是那个压轴笑,别人笑上半场,我笑下半场,不了解的人会觉得我好像很有智慧,深思熟虑的样子,其实,我只是吃过大亏而已。

刚工作几个月,老板看我目光机灵好像沟通能力很强,经常带我出席一些公务场合,成年人对职场小朋友都很宽容,即便说错话也往往被原谅,直到有一次我聊天把天聊死了。

那天中午来了两位重要客人，其中一位还是我的校友，作为老板秘书和未来工作的对接人，我们四个人一起吃午餐。吃得正 high 时，校友问我："教你们现代文学的是不是某某？"我说："是啊。"她接着问："他课上得怎么样？"

我觉得，是时候表现自己是一个有趣并且有观点的人了，于是 balabala："他是一个好老师，但是太没趣，他的课一半人睡觉，一半人看小说，他还有个最奇怪的毛病，每一届都要挑全班最漂亮的女生读《桨声灯影里的秦淮河》，哈哈哈，怎么，你们认识？"

我嘹亮的"哈哈哈"还飘荡在饭桌上，她已经吐出几个字："他是我爸爸。"

我老板深深地看了我一眼，没说话；校友的同伴赶紧找话题打岔。

不用猜，那个项目换了对接人，好的开始是成功的一半，糟糕的开始同样是难以为继的一半，这次吃一堑长一智之后，我明白社交关系错综复杂，浅表交往很难判断对面的人有着怎样的人际关系、爱憎喜恶，很难知道他/她真正喜欢谁，和谁有梁子。

年轻人都嘲笑过言语谨慎的成年人，觉得"语不惊人死不休"很酷，吃过亏才逐渐明白，那些看上去讲话没趣的家伙，不是呆，而是他们明白标准答案对于职场的重要性。

真正的聪明，并不需要抖太多包袱。

而机灵，是轻飘的，重要的时刻，往往压不住场子。

后来，我进了报社做记者，写财经报道和人物访谈，开始总是整不出像样的稿子，因为我和采访对象没话可说，我总是像《艺术人生》的主持人一样问："最艰难的时候想到过放弃吗？""你那时有什么感受？""你的愿望是什么？""你觉得是这样吗？"

　　这些问题一句话把天聊到尽头，只能换来"是"，或者"不是"。

　　直到后来，我跟我师父一起采访。

　　她非常会聊天。她总是聊一些细节，比如：咦，你办公室墙上这幅字有趣，"静水深流"，你为什么喜欢这句话呢？

　　再比如：我看过几篇你的采访，但是今天见面觉得你状态比采访中更好，你有什么窍门吗？

　　甚至还有：听说你蛮喜欢星座的，你是狮子座，我是射手座，哈哈，都是火象星座。

　　比起我滔滔不绝表达自己的想法，师父最后会问一句"你觉得呢"。师父特别明白聊天的价值——会聊天的人并不是为了表达自我，显示自己的聪明、睿智、博学，而是和对方形成语言和心理的良性互动，最终达成共识解决问题，先让对方说痛快了，你才能获得自己想要的信息。

　　所以，她首先融洽气氛，每次见面都很会破冰，用细节告诉对方，她关注并且试图了解他/她，拉近心理距离，心放松，话才能放开。

　　她让我明白，话说得最多的人，并不是最受欢迎的人，说很多话和"会聊天"完全是两个概念。于是，我仔细留心周围那些被称赞"高情商"的人，他们未必自己能说会道，但是都特别善于倾听别人说话，他们明白有效沟通是达成共识，而不是做一道抢答题。

　　即便我从师父身上明白那么多道理，却依旧克制不住自己话痨的欲望，我喜欢争论，在争论中表达自己打击别人，尤其享受占上风的快感。

　　那时，我说话的风格通常是这样的：

　　别人：报社附近新开的那家港式茶餐厅不错，中午一起试试？

我：有吗？市中心那家才好，报社旁边的菠萝包有股怪味。

别人：你为什么不喜欢韩剧啊，女人看韩剧就像男人看武侠打游戏一样是放松。

我：我还是喜欢有脑一点的剧情，负责任的编剧，你看完了美剧和英剧再也不会想看韩剧了。

别人：《普利策新闻奖图语》很好看，新闻事件和作品的来龙去脉写得比较清楚，拍摄技巧和获奖理由的分析也到位。

我：千万不要看这种所谓国内专家写的大综合，真想看聊天技巧还不如《奥普拉脱口秀》。

我曾经就是这么一个"会聊天"的人，擅长三个必杀技：一句话堵死人，我比你牛掰，你好弱智。很多句子到我这儿就变成再也没有然后了，甚至，我自己都听得见话题落在地上摔得稀巴烂的声音。

有一次，我和师父争论一个现在早就忘记的话题，她轻蔑地斜了我一眼："现在我们就当答辩，谁也不要让谁，看看你有多大本事争赢。"

我第一次发现，她原来那么能讲，我最后被抢白得哑口无言恼羞成怒，却找不到合适的借口发泄，甚至有一种气炸了要落泪的感觉。

她倒了杯水放在我面前："争论有意义吗？生活中哪有那么多大是大非值得争得你死我活，你以为平时别人不说话是服了你？她们要么是不和傻瓜论长短，觉得跟你说话浪费时间，要么是体谅你，不忍心真把你说败了，宁愿自己委屈。你争了这么多，获得什么了？"

是的，我获得什么了？

把天聊死之后，往往把路也堵死了。从那以后，我尝试逐渐改变,即便有时还难免冒泡。

我练习不要接话太快,让自己没有慎重思考的时间;不要说得太多,让别人失去表达的余地;不用总是反驳,堵死其他人的每一句话。

意外之喜是,语言改变之后,我的心态也慢慢转变,从暴躁到安静,从争执到思辨。

后来,我离开新闻部调到广告部,师父给我发了条信息:莱特兄弟发明了飞机,一大帮子记者去采访他们,非要人家说几句惊世骇俗的话好回去写稿子,哥哥想了想,说:"据我所知,鸟类中最会说话的是鹦鹉,而鹦鹉是永远飞不高的。"

这才是真正的炫酷。

或许,我们都曾经是个不讨人喜欢的年轻人,所谓的智慧不过是生存的痕迹,和吃一堑长一智的沉淀。

(http:www.sohu.comla/132482595_665453,2017-04-07)

第4节　人脉和深耕在销售中的作用

客户约见你了,也跟你做了深入的交流,回到公司后,你要认真地把你与客户见面的内容写到访客报告中,并根据客户的需求,按照你承诺的时间给出报价或问题的解决方案,请记住:客户最看重的往往是后续的服务。而我也经常说,做航运这一行,真正的服务从客户下订单那一刻才开始,直至货物送至收货人手上才告一段落。

　　微信公众号"北平说说"上有一段话值得深思。

　　有一个销售理念叫做"销售不跟踪，万事一场空"，跟客户第一次拜访后可以参照"三、七、二十一"的规律安排后续的回访工作。即第一次拜访后的三天以内一定要给客户再次打电话沟通，表示对客户接待的感谢，询问客户对自己提供的报价和方案的意见和建议，并根据情况跟客户预定再次登门拜访或电话联系的时间；七天之内应根据与客户距离远近、紧迫程度和客户的态度决定再次登门拜访还是电话联系，目的都是为了加深跟客户的印象并进一步展示自己更为完善的销售方案；二十一天内应对客户再次进行跟踪，已经合作的就视为售后服务，还没合作的就加强互动，了解未能合作的原因，想尽办法解决这些问题以达成合作的目标。

　　在不同的场合和每次销售培训中，我都向同人们强调：真正的业务员不是向客户推销产品或服务，而是和你的客户成为贴心的好朋友，然后以一种平等互助双赢的方式，为客户提供他所需要的服务，帮助他们解决事业上遇到的问题或痛点！

　　当你和客户成为贴心人后，客户会很乐意把你介绍给他的朋友和行业圈子，这时你做起销售就事半功倍了。一个推销员拜访一个成功人士，问他："您为什么取得如此辉煌的成就呢？"成功人士答："每当遇到我的客户时，我都对他们说，请您给我介绍 3 个您的朋友的名字好吗？很多人答应帮忙。"他按照那位成功人士的经验，不断地复制 3 的倍数，数年之后，他的客户群像滚雪球一样越滚越大，通过真诚的交往和不懈的努力，他终于成为美国历史上第一位一年内销售超过 10 亿美元的寿险成功人士，他就是享誉美国的寿险推销大师甘道夫。

　　在当今互联网时代，人与人之间的联系变得更加密切，这种联系无时无处不在，年轻人更应该注意构建你的人脉来为事业腾飞助力。怎么才能认识更多的人呢？人脉资源根据其形成的过程可以分为：血缘人脉、地缘人脉、学缘人脉、事缘人脉、客缘人脉、随缘人脉等。年轻人应积极主动参加各种社会活动，抓住一切机会认识人，参加圈子，构建自己的人脉资源，像农夫一样广播善缘，如此经过岁月的积累后，你一定可以收获满满的硕果。

相反的，如果像猎人急功近利、浮躁而盲目地游走于行业间，只聚焦于眼前利益，是很难取得客户信任的；即使侥幸取得一两票订单，也很难在行业里深耕、发展而成为业界精英！

经验告诉我们，在和客户建立长久关系的过程中，每一次的拒绝、每一次的交谈都有其作用。农夫型的业务员会把工作重点放在把这些讯息和线索串联起来，把每一次拒绝当作一笔成交的开始，持续地为客户提供有价值的市场信息和解决方案，直至和客户成为贴心的战略合作伙伴。相反的是不断转移焦点的猎人型销售人员，他们无法享受到持续耕耘一段关系所带来的收获。

◉ 延伸阅读

1.《成功的乘法》(苗向东,《合肥日报》)

2.《做"农夫"，不做"猎人"》(吴育宏,《经济日报》)

第5节 如何报价及提高签单率

很多货代业务新人刚入行时,遇到的最大困难之一是如何给客户报价。报价高了,客户就直接被吓跑了;报价低了,公司没有利益! 该怎么拿捏这个度呢? 下面就报价问题说说我个人的看法。

业务新人在报价中往往会出现不了解市场和客户、盲目报盘的情况,这样做的直接后果就是使我们在与客户的交往中失去主动权,而且给客户留下不专业的印象,所以在报价之前要先从以下几个方面来详细了解客户的状况和实际需求:

(1)客户是直客还是同行?

(2)有多少货量或柜量? 冷藏柜? 特种柜?

(3)出货期间是单批还是长期订单?

(4)目的港或启运港是哪里?

(5)准备进出口的大致日期? 有无弹性?

(6)喜欢什么船公司?

(7)其他需求。

对客户的准确了解是争取报价主动权的重要前提,在了解客户的信息后就要开始报价了,一个准确的报价,势必让你在和同行的竞争中脱颖而出。报价要遵循以下几个原则:

(1)不轻易亮底牌。在报价和最后成交价的中间要经过很多次交谈,通过交谈和客户磨合然后再一步一步接近成交价或者自己的底线,达成交易。

(2)知己知彼百战不殆,要了解对方、了解市场。在对市场有充分了解的情况下为自己争取最大利润。

(3)对象不同报价策略不同。面对直客和面对同行应该采取不同的策略。

(4)报价是一种承诺,客户下单后再反悔或加价是销售大忌!

(5)业务员是报价流程的主导者,高管不要直接面对客户报价。

报价的目标就是以客户能接受且公司有利润的最高价位卖出产品或服务!

报完价之后,业务员就要"逼单",让客户尽快下单成交。营销人员是靠签单来提成的,没有签单,就没有一切。所以,营销人员必须更加积极、主动,"逼"着客户"签单"。客户,基本上都是不紧不慢的,营销人员必须学会自行掌握这种销售的节奏,"替客户做主"。

用一位哲人说的话来形容:"人都是很听话的——别人说什么,他自己总记得很清楚!"一旦我们给客户设定了时间,客户往往会变得很"积极、热切"。要提高签单率,营销人员就必须学会逼单!

临门一脚很重要。对待那些购买欲望很强烈的客户,我们就该当机立断,不管是通过价格、政策,还是其他途径,抓住时机就赶紧签单。签了就算成功了;没有签下来,即便客户承诺得天花乱坠,我们还是失败的。

但反过来也要注意逼单的节奏和技巧,如果让客户觉得急于求成或功利心太重或只为自己业绩着想,那会适得其反,会吓跑客户的。逼单时一定要让客户觉得你是站在为他着想的立场上,希望他抓住瞬息即逝的绝佳时机尽快签单以享受各种增值服务或节省成本。

第6节 如何给客户信用额度

我们货代行业从业人员赚的是辛苦钱,既要为进出口企业提供优质、贴心、高效的服务,还要经常性地为他们代垫物流、货运、货物款项甚至关税等,稍有失误,轻则扣款,重则还要受罚,基本是得不偿失。现阶段,由于世界经济低迷、国际贸易萧条萎缩,大家的日子都不好过,很多上游的合作厂商一遇到资金困难,就习惯性地把货代企业当银行对待,拖欠应付款,不但转嫁风险还可以享受免息贷款,假如这些厂商因各种原因倒闭,那我们的应收款就打水漂了!大家白白付出一年的辛苦不说,还要让我们企业蒙受巨大的损失!

所以在面对业务员来找我帮客户申请信用额度时,我都告诉他们,请他们以衡量客户信用的5C原则来判断客户的信用:

(1)Character(品格)

(2)Capacity(能力)

(3)Capital(资本)

(4)Collateral(担保)

(5)Condition(情势)

具体要从哪些方面了解客户的信用呢?可以从客户以下资料来了解:

(1)注册资本、实收资本、不动产状况；

(2)最近三年营业情况、行业商誉；

(3)员工人数、大股东及经营团队背景；

(4)该公司的主要客户名单；

(5)过去合作的信用设立历史，有无权威认证的荣誉；

(6)利用一些政府或民间的信用评级机构；

(7)注意收集市场情报。

2016年，航运业算是一个受世界经济危机严重影响的重灾区，之前已有一些船公司倒闭或重组，我们作为国际货运代理和无船承运企业，夹在船公司和货主中间，所承受的风险更是可想而知，所以大家要提高警惕，在给予客户信用额度的时候秉持四个原则：

(1)风险第一，业绩第二。即：会卖东西是学徒，会收款才是师傅！

(2)换位思考：如果你是老板，你愿意借钱给该客户吗？

(3)额度与毛利的权衡：我利用这笔钱给公司创造的毛利有没有比这笔钱存在银行的定期利率高；

(4)客户的信用是动态的，不是一成不变的！"预防胜于治疗"永远是降低风险的最佳策略！

世界的经济形势长期扑朔迷离、危机四伏，我们要在危机中前行就更要提高警觉，在做业务的同时首先考虑资金安全，不要让自己和同人们辛辛苦苦的付出因为应收款的坏账而白辛苦了一场。

◉ 延伸阅读

《做销售，回款比卖货更重要》(微信公众号"营销兵法"，微信号 lanhaiyingxiao)

第7节 如何突破销售的瓶颈？

这两年我接触到的行业内企业都在哀叹业绩不甚理想，利润下降很多，这里面固然有大环境不景气的客观因素，但更多的是因为业务团队遇到的问题——销售瓶颈：为什么客户选择竞争对手的服务而不选择我们的服务？为什么我们的业务员没有持续精进的激情和动力？

中欧国际工商学院营销战略学柏唯良教授认为客户在决定购买某项产品或服务之前基本要经过三个步骤：认识到购买的需要；考虑合作伙伴的品牌和产品（服务）；掂量各个品牌的优点，选定一个最满意的产品或服务。那么，客户选择与我们的竞争对手合作的原因不外有三种：一是客户没有需求；二是客户不知道我们的品牌和服务水平，因此选择和竞争对手合作；三是客户虽然知道我司的品牌和服务水平，但更喜欢竞争对手的服务。

面对一个市场，管理学有一个著名的 SWOT 矩阵分析式：从价格、产品、服务、市场策略等方面比较分析，找出敌我各自的优缺点，然后避开对手的威胁，找到战胜对手的机会。我们不要简单地、重复地抱怨市场不景气、运价不好、船期不准等等客观因素，而应该乐观坦然地面对我们目前存在的问题和困难，然后积极主动地寻找目标客户（有购买我们服务的需求的潜在客户），把我们的服务优势推荐给客户，有针对性地找出克服我们弱点的方法,有效地战胜竞争对手,成功说服客户放弃竞争对手而选择我们的服务。

众所周知,任何行业的销售都有一个成功率,货代行业销售精英的平均成功率不会超过 20%,而业务新人的成功率更是低于 5%。这意味着,你至少要有 20 个潜在客户才有一个客户跟你合作成交,因此在你哀叹客户难寻、业务难做的时候,我请问:你的客户群体够吗?你是否已经开始按照公司的要求每天拜访三家客户,打 20 个访客电话来积累你的客户群体了?如果我们每个业务员都用这样的方法积极努力地去做业务,那我们还愁业绩不佳吗?

同时,在每家企业的业务团队里,让管理者最为难最束手无策的就是那些没有生活压力,每个月又能够完成最低指标的资深业务员。如果任凭这些人留在团队游手好闲,怕他们带坏团队风气;开除嘛又可惜了他们手头的那些客户群体和他们所创造的毛利。相信很多管理者都在苦苦探寻可以激励这些资深业务员的好办法,但收效甚微。

其实,激励一个人的因素不外乎就是物质和精神两个方面,当一个人在生活上没有什么经济压力时,激励他持续奋发图强、砥砺前行的就只有精神方面的因素,此时管理者应该和该员工促膝谈心,了解他(她)内心的真正需求,与时俱进地向他们传授新的观念、准则和技术,培养他们的归属感,双方还要根据他们的能力水平商定一个共同认可的、具有挑战性的业绩目标并协助他们去完成目标,当目标达成时要给予公开的表彰和奖励以增加他们的荣誉感和成就感。

英格尔创始人安迪·格鲁夫说,没有其他事比提拔某个人更能体现这个人对组织的价值。当我们赋予某个资深业务员带领团队的责任,相信他(她)会因为责任感而奋进以成为部属的楷模。当然,这也要看组织准备提拔的人有没有那样的悟性来迎接组织的考验,自动自发地投入工作,从而突破个人职业生涯发展的瓶颈。

◉ 推荐阅读

《顾客为什么不买》(柏唯良,中欧国际工商学院管理战略教授)

§ 第六章 §

航运货代物流产业链基础知识

第 1 节　承运人

一、船公司

船公司是指拥有或运营进出口货船的海运公司。船公司是承运人,具有直接运输的设备——运输船舶和集装箱,其中有专门拥有船舶资产而不运营船舶的、有货主拥有船舶并运营的、有港口并拥有船舶并运营的、有没有船舶资产只是参与船舶运营管理的,还有没有任何资产只是通过信息或资产优势撮合船货的等等。(谢燮,2016:107)

Alphaliner 最新运力数据显示,截至 2017 年 7 月,全球班轮公司运力 100 强中排名前三的分别是马士基航运、地中海航运和达飞轮船。第四名到第十名依次为:中远海运集运、赫伯罗特、长荣海运、东方海外国际、阳明海运、日本邮船和汉堡南美,全球班轮公司运力排名 20 的公司总运力为 1719.67 万 TEU,占全球集装箱总运力的 83.33%。

在上榜的中国大陆班轮公司中,中远海运集运排名第 4 位,海丰国际排名第 20 位,中古新良海运排名第 21 位,中外运集运排名第 23 位,泉州安盛船务排名第 24 位,宁波远洋排名第 42 位,大连信风海运排名第 57 位,上海锦江航运排名第 60 位,上海海华轮船排名第 65 位,太仓港集装箱海运排名第 66 位,广西鸿翔船务排名第 67 位,天津达通航运排名第 88 位,天津海运排名第 89 位。未来几年随着船公司兼并合并潮的蔓延,此排行榜还会有所改变。

二、无船承运人

无船承运人(Non-Vessel Operating Common Carrier,简称 NVOCC),是指以承运人身份接受货主(托运人)的货载,同时以托运人身份委托班轮公司完成国际海上货物运输。由于无船承运人一般并不拥有或掌握运输工具,只能通过与拥有运输工具的承运人订立运输合同,由他人实际完成运输,这种承运人一般称为无船承运人。

无船承运人通过购买公共承运人的运输服务,再以转卖的形式将这些服务提供给货主以及其他运输服务需求方。在开展单一方式运输或多式联运业务时,与委托人订立运输合同,根据自己为货主设计的路线方案开展全程运输,签发经过备案的无船承运人提单,对运输负有责任。因此无船承运人在实际业务中只是契约承运人,而实际完成运输的承运人是实际承运人。

成为无船承运人需要同时具备以下四个条件:

(1)母公司向中国交通运输部水运局的指定账户缴纳保证金人民币 80 万元,每增加一家分公司增加保证金 20 万元(或采取保证金责任保险方式);

(2)备案本公司的 HB/L;

(3)两名以上持有"国际货运代理行业从业人员岗位专业证书"或同等资格的资深从业人员;

(4)取得交通运输部颁发的无船承运经营资格登记证。

根据中国相关法律,无船承运人可以直接向船公司订舱,作为承运人签发自己的提单给托运人,赚取运费差价作为自己公司的利润。

注意事项:1.交通运输部批准的无船承运经营资质是有口岸限制的,不能误解为在一个口岸获批,就能在全国通用。企业要在国内任何一个口岸从事无船承运经营活动,在该口岸都要申请获得批准后才能开展。

2.获得无船承运经营资格的无船承运人只能签发备案的自家公司的提单。如果签发代理的提单,则该提单也要在交通运输部备案成为合法提单后方可签发,否则属违规行为,要受到处罚。

三、航空公司及其销售代理人

2014年全球航空国际货运周转量排名前十的航空公司依次为:阿联酋航空、中国香港的国泰航空、韩国大韩航空、美国的联邦快递、德国汉莎航空、新加坡航空、卡塔尔航空、卢森堡货运、美国的联合包裹和中国台湾的中华航空。

航空运输销售代理人必须取得由中国航空运输协会(CATA)颁发的资格证书,俗称"航空铜牌",证书全称为"中国民用航空运输销售代理业务资格认可证书"。对于客运代理人来说,可以凭航空铜牌去国际航空运输协会(IATA)备案,交押金,之后去中航信或外地的凯亚拿配置。对于货运代理人来说,凭航空铜牌可以去航空公司直接订舱以及签发自己公司的主单。

航空铜牌的优势主要有:

(1)可与航空公司直接签订运价协议;

(2)可以自己公司的名义签发航空货运主单;

(3)可接受货运代理同行的委托货单;

（4）极大地增强企业市场竞争力。

取得航空铜牌需要具备以下三个条件：

（1）注册资金：国际客运及货运要求注册资金达到 150 万元人民币；国内货运及客运要求注册资金达到 50 万元人民币。

（2）要求至少三位具备"民用航空销售代理资格岗位证书"的资深从业人员，有国际国内及客运货运之分，请注意需要从事的业务类型。

（3）担保：要求有一家具备资格的担保公司提供担保。资格包括：不能含有外资成分，注册资金必须大于或者等于被担保公司，未做过担保（除非注册资金远远大于被担保公司），担保期限必须在 4 年以上且承担连带责任。

第 2 节　代理公司

一、船舶代理公司

船舶代理公司是指船舶代理机构或代理人接受船舶所有人（船公司）、船舶经营人、承租人或货主的委托，在授权范围内代表委托人办理与在港船舶有关的业务，提供有关的服务或完成与在港船舶有关的其他经济法律行为的代理行为。

具体业务有：船舶代理公司协助委托者办理船舶进出港口手续，联系安排引航、靠泊和装卸；代签提单、运输合同，接受订舱业务；办理船舶、集装箱以及货物的报关手续；承揽货物，组织货载，办理货物、集装箱的托运和中转；代收运费，代办结算等。

成为船舶代理需要具备以下条件：

(1)两名具有高级业务职称或研究生以上学历并有从事国际海运相关业务三年以上经历的资深员工。

(2)两名具有本科学历，在国际海运相关企业担任业务部门经理职务三年以上经历的资深员工。（认可持有"国际货运代理行业从业人员岗位专业证书"之人员）

以上(1)(2)条件满足其中之一即可，但需提供当地公证机关出具的从业经历公证文件。

(3)2014年开始在北京"中国船舶代理及无船承运人协会"备案，取得国际船舶代理经营资格备案回执及在协会网站公布（目前国家对申请国际船舶代理业务的企业没有资金限制）。

中国比较著名的公共船代公司有：

(1)外轮代理有限公司（China Ocean Shipping Agency "Penavico"）；

(2)中外运船务代理有限公司（China Marine Shipping Agency）。

(3)联合国际船舶代理有限公司（United International Shipping Agency Co.，Ltd.）；

二、国际货运代理企业

国际货运代理企业（International Freight Forwarding Company）是指国际货运代理组织接受进出口货物收货人、发货人的委托，以委托人或自己的名义，为委托人办理国际货物运输及相关业务，并收取劳务报酬的经济活动。根据中国相关法规，国际货代企业没有资格签发NVOCC提单，不能赚取差价，只能向客户收取服务费或操作费。

成为国际货运代理,需要具备以下资质:

(1)母公司注册资本人民币 500 万元,每增加一家分公司需增加注册资本人民币 50 万元。

(2)取得由国家商务部授权的地方商务局或当地国际货运代理协会颁发的国际货代企业备案表。

国际货代企业按其经营的业务内容又分为:海运、空运、拼箱、大件散杂货、冷链物流、危险品等企业。

国际货代企业从事的主要业务有:以最快最省的运输方式,为货主安排合适的货物包装,选择货物的运输方式,建议仓储及分拨方案;帮货主选择可靠、高效的承运人,并协助缔结运输合同;安排货物的运输、仓储、拼装,若货主有需求可办理货物的计重和计量,并代办货物保险;代为办理报关、报检等手续,并将货物交付承运人;代表货主承付运费,缴纳关税;代表货主从承运人处取得提单;通过承运人或自己的海外代理,及时监督货物的运输过程,并使货主及时了解货物动向;协助货主在目的地清关、取得货物等。

三、报关行

报关行(Customs Broker)是指经海关准予注册登记,接受进出口货物收发货人的委托,以进出口货物收发货人名义或者以自己的名义,向海关办理代理报关业务,从事报关服务的境内企业法人。

报关的流程为接单—预录入—审核—申报—现场交单—海关作业— 放行(或查验)。

第 3 节　集装箱操作场站

一、集装箱码头(Container Terminal)

集装箱码头是指包括港池、锚地、进出港航道、泊位等水域以及货运站、堆场、码头前沿、办公生活区域等陆域范围的,能够容纳完整的集装箱装卸操作过程的,具有明确界限的场所。

功能:(1)具有连接各种运输方式的枢纽功能;(2)具有各种运输方式的转换功能;(3)具有集装箱集疏、缓冲的功能;(4)在进出口贸易中,对一个国家来说是一个终端场,有开门或关门的功能。

二、陆地港(Land Port)

陆地港又称为无水港或内陆港,是指内陆一个具有与海岸类似的货物集散功能的特定海关监管区域,具有报关、报检、签发提单等港口服务功能的物流中心。陆地港与沿海港口合作,相当于把港口的口岸通关功能"前置"到内陆地区,当地货主可以在家门口办理货物乘船出口通关手续;同时,沿海港口也可通过陆地港积极揽货,扩大自身的腹地辐射范围。

目前福建获批运营的陆地港有:晋江、龙岩、武夷山、三明四个陆地港。

三、堆场(Container Yard 简称 CY)

堆场是指办理集装箱重箱或空箱装卸、转运、保管、交接、维修、保养等工作的场所。它是集装箱运输关系方的重要组成部分,在集装箱运输中起到重要作用。

集装箱堆场,有些地方也叫场站或货柜场。对于海运集装箱出口来说,堆场的作用就是把所有出口客户的集装箱在某处先集合起来(不论通关与否),到了截港时间之后,再统一上船(此时必定已经通关)。也就是说,堆场是集装箱通关上船前的统一集合地,在堆场的集装箱货物等待通关,这样便于船公司、海关等进行管理及提高码头船的装卸效率。

集装箱场站还有一个作用,就是把货主不方便拖装的货用卡车拉到堆场的仓库进行现场装货,或拼箱公司把散货客户(LCL)的货集中到堆场仓库存放,再统一装柜报关出口。

四、仓库(Warehouse)

仓库一般是指具有储存设施,对货物(物资)进行集中、整理、保管和分发等工作的场所。

与国际贸易、航运业息息相关的是保税仓库(Bonded Warehouse)。

保税仓库是保税制度中应用最广泛的一种形式,是指经海关核准的专门存放保税货物的专用仓库。港口设立的关税保护区内的货物,多用于转口贸易和转口加工贸易。

海关允许存放保税仓库的货物有:

(1)供加工贸易(进、来料加工)加工成品复出口的进口料件;

(2)外经贸主管部门批准开展的外国商品寄售业务、外国产品维修业务、外汇免税商品业务及保税生产资料市场的进口货物;

(3)转口贸易货物以及外商寄存货物以及国际航行船舶所需的燃料、物衬和零配件等。

保税仓库分公用型和自用型两类。公用型保税仓库是根据公众需要设立的,可供任何人存放货物。自用型保税仓库是指只有仓库经营人才能存放货物的保税仓库,但所存放货物并非必须属仓库经营人所有。

五、运输公司及无车承运人(Non-Truck Operating Common Carrier)

运输公司就是指拥有车辆且从事货物运输的个人或单位。

无车承运人(NTOCC)是由美国 truck broker(货车经纪人)这一词汇演变而来的,是无船承运人在陆地的延伸。无车承运人指的是不拥有车辆而从事货物运输的个人或单位。无车承运人具有双重身份,对于真正的托运人来说,其是承运人;但是对于实际承运人而言,其又是托运人。无车承运人一般不从事具体的运输业务,而是运用互联网工具从事运输组织、货物分拨、运输方式和运输线路的选择等工作,其收入来源主要是规模化地"批发"运输而产生的运费差价。

无车承运人与货运代理人的联系:

(1)本质相同:无车承运人与货运代理人的本质相同,二者都是运输中介组织。

(2)作用相同:无车承运人和货运代理人在整个运输过程中都起着组织者的作用。

(3)资产购置要求相同:无车承运人和货运代理人均是轻资产运营,不需要专门购置车辆。

(4)盈利模式相同:无车承运人和货运代理人都是利用信息不对称而赢利,收取的都是"信息资源费"。

(5)根据营改增的有关税法,国际货代企业针对货主提供的国内部分的物流服务(如拖车、报关、仓储等)可以开立 6% 增值税专用发票,国际运费部分享受免税优惠,可以开零税率增值税普通发票;无车承运人可以和实际承运人(运输公司)一样开

11％的增值税专用发票,出口企业可获得11％进项抵扣税额。

　　按照规定,我国对货运代理企业实行登记备案制,在注册资本规模上做出了严格的规定,然而,我国对于无车承运企业目前还在试点阶段,有严格的审批制度。2016年8月29日,交通运输部发布了《关于推进改革试点加快无车承运物流发展的意见》,明确规定了无车承运存在的条件和法律地位,明确要求试点单位必须:具备较为完善的互联网物流信息平台和与开展业务相适应的信息数据交换处理能力;能够通过现代信息技术对实际承运人的车辆的运营情况进行全过程管理。

　　目前无车承运人的行业标杆是美国最大的第三方物流公司罗宾逊物流,希望国家试点推行的无车承运制度能为促进物流货运业的转型升级和提质增效创造积极的政策环境并引领方向。

第4节　保税区、保税港区、出口加工区、自贸区的论述

一、保税(物流园)区 (Bonded Area)

定义:保税区又称保税仓库区,是经国务院批准设立的、海关实施特殊监管的经济区域,是我国目前开放度和自由度较大的经济区域。

功能:其功能定位为"保税仓储、出口加工、转口贸易"三大

功能。

政策：根据现行有关政策，海关对保税区实行封闭管理，境外货物进入保税区，实行保税管理；境内其他地区货物进入保税区，视同出境；同时，外经贸、外汇管理等部门对保税区也实行较区外相对优惠的政策。

1990 年 5 月，在上海外高桥建立中国第一个保税区，之后，又相继建设了天津、大连、深圳的福田和沙头角、宁波、广州、张家港、海口、厦门象屿、福州、青岛、汕头、珠海、海南洋浦等 15 个保税区。保税区是中国继经济特区、经济技术开发区、国家高新技术产业开发区之后，经国务院批准设立的新的经济性区域。由于保税区按照国际惯例运作，实行比其他开放地区更为灵活优惠的政策，它已成为中国与国际市场接轨的"桥头堡"。因此，保税区在发展建设伊始就成为国内外客商密切关注的焦点。

二、出口加工区(Export Processing Zone)

定义：出口加工区又称加工出口区。狭义指某一国家或地区为利用外资，发展出口导向工业，扩大对外贸易，以实现开拓国际市场、发展外向型经济的目标，专为制造、加工、装配出口商品而开辟的特殊区域，其产品的全部或大部供出口。广义还包括自由贸易区、工业自由区、投资促成区和对外开放区等。

加工区内，鼓励和准许外商投资于产品具有国际市场竞争能力的加工企业，并提供多种方便和给予关税等优惠待遇，如企业可免税或减税进口加工制造所需的设备、原料辅料、元件、半制品和零配件；生产的产品可免税或减税全部出口；企业可以享受较低的国内捐税，并规定投产后在一定年限内完全免征或减征；所获利润可自由汇出国外；向企业提供完善的基础设施，以及收费低廉的水、电及仓库设施等。

三、保税港区(Bonded Port)

定义:保税港区是指经国务院批准,设立在国家对外开放的口岸港区和与之相连的特定区域内,具有口岸、物流、加工等功能的海关特殊监管区域。

功能:保税港区的功能具体包括仓储物流,对外贸易,国际采购、分销和配送,国际中转,检测和售后服务维修,商品展示,研发、加工、制造,港口作业等9项功能。

政策:保税港区享受保税区、出口加工区、保税物流园区相关的税收和外汇管理政策。主要为国外货物入港区保税以及货物出港区进入国内销售按货物进口的有关规定办理报关。保税港区叠加了保税区和出口加工区的税收和外汇政策,在区位、功能和政策上优势更明显。

四、自由贸易区(Free Trade Area)

对自由贸易区的定义有两个主要依据:

(1)1973年国际海关理事会签订的《京都公约》,将自由贸易区定义为:"指一国的部分领土,在这部分领土内运入的任何货物就进口关税及其他各税而言,被认为在关境以外,并免于实施惯常的海关监管制度。"

(2)美国关税委员会给自由贸易区下的定义是:自由贸易区对用于再出口的商品在豁免关税方面有别于一般关税地区,是一个只要进口商品不流入国内市场可免除关税的独立封锁地区。自由贸易区的另一种官方解释,是指两个或两个以上的国家(包括独立关税地区)根据WTO相关规则,为实现相互之间的贸易自由化所进行的地区性贸易安排(Free Trade Agreement:FTA自由贸易协定)在缔约方所形成的区域。这种区域性安排不仅包括货物贸易自由化,而且涉及服务贸易、投资、政府采购、知识产权保护、标准化等更多领域的相互承诺,是一个国家实施多双边合作战略的手段。

商务部国际司司长张克宁对自由贸易区的定义如下:所谓自由贸易区,不是指在国内某个城市划出一片土地,建立起的类似于出口加工区、保税区的实行特殊经贸政策的园区,而是指两个或两个以上国家或地区通过签署协定,在 WTO 最惠国待遇基础上,相互进一步开放市场,分阶段取消绝大部分货物的关税和非关税壁垒,在服务业领域改善市场准入条件,实现贸易和投资的自由化,从而形成涵盖所有成员全部关税领土的"大区"。

五、自由贸易区和综合保税区的区别

(1)海关监管模式不同:自贸区属于境内关外,即属于海关管辖区之外的特殊封闭区域,保税区则在海关监管范围之内。

(2)管理模式不同:自贸区有国家级权威管理机构,具体的区内管理由相应公司承包;保税区由设区地方管理,各自为政,缺乏统一规划。

(3)政策依赖程度不同:自贸区先立法后设区,区内企业按国家有关法律运营,保税区至今没有全国统一的法律,对政策的依赖性较强。

中国(上海)自由贸易试验区于 2013 年 9 月 29 日正式挂牌成立,范围涵盖外高桥保税区、外高桥保税物流园区、洋山保税港区、浦东机场综合保税区等四个海关特殊监管区域,总面积 28.78 平方千米,比澳门特别行政区 29.9 平方千米略小。服务业开放第一步选择了金融、航运、商贸、专业、文化、社会六个领域。

自贸区最突出的特点就是采取负面清单管理政策,即所谓的"法无禁止皆可为",希望能进一步加大和加强开放的力度和范围,成为中国新一轮改革开放的试验区、桥头堡。

继上海自贸区之后，2014年国务院又批准成立了天津、深圳、福建（包括福州、厦门、平潭）自贸区。四大自贸区的定位：上海自贸区结合上海国际金融中心建设打造金融创新示范区，并保持改革的先发优势；天津自贸区战略定位将挂钩京津冀协同发展，推动"一带一路"建设，大力发展实体经济；福建自贸区重点突出对接台湾自由经济区，推动建设海上丝绸之路；广东自贸区将建立粤港澳金融合作创新体制，促进粤港澳服务贸易自由化，推动粤港澳交易规则的对接。

总体布局：上海自贸区立足长江经济带，将更多地定位于金融业的发展；天津自贸区配合"京津冀"一体化战略，侧重制造业的发展及对外开放，力图辐射整个北方地区；福建侧重发挥对台优势，同时配合"一带一路"倡议，力图在贸易等层面有所突破，对接东南亚，拓展和东盟的经贸往来；广东自贸区，立足珠三角，针对香港和澳门地区，力图促进服务业的发展与开放。

2017年国务院又将批准成立辽宁、浙江、河南、湖北、重庆、四川、陕西7个自贸区，商务部有关领导表示，希望新设自贸试验区结合各自功能定位和特色特点，聚焦国资国企改革、提升大宗商品全球配置能力和西部开发、东北振兴、中部崛起等重大主题，在更广领域、更大范围形成试点经验，以此来推动贸易的国际化和自由化，带动新一轮的改革创新浪潮。

第5节　跨境电商的概述

广义的跨境电商包括 B2B（Business to Business，商家对商家进行交易）和 B2C（Business to Consumer 商家对个人进行交易）两类跨境电商。B2B 电商是指分属不同关境的交易主体，通过电子商务的手段将传统进出口贸易中的展示、洽谈和成交环节电子化，并通过跨境物流送达商品、完成交易的一种国际商业活动。

狭义的跨境电商是指 B2C 跨境电商或零售跨境电商，指的是分属于不同关境的交易主体，借助计算机网络达成交易、进行支付结算，并采用快件、小包等行邮的方式通过跨境物流将商品送达消费者手中的交易过程。值得注意的是，消费者中会含有一部分碎片化小额买卖的 B 类商家用户，但现实中这类小 B 商家和 C 类个人商家很难区分。

传统的国际贸易从生产商到消费者的过程中需要经过多个环节，包括出口国的出口商、进口国的进口商、批发商、零售商等。然而，跨境电商模式从生产商到消费者的过程只有跨境电商这个环节。相较之下，跨境电商减少了传统贸易的交易环节，消除了信息的不对称，为消费者节省了不菲的中间流通成本和时间。

海关对商品的监管分为货物和物品两种方式。一般贸易方式下，政府对货物的监管是比较严格的，通称为"一关三检"，海关根据不同货物征收关税、增值税、消费税,据 2013 年海关数据,综合税负达 63.7%,商品需申请商品检验、动植物检疫和卫生检疫,适用 B2B 模式。

对于快件、包裹等物品,海关的监管比较宽松,原则上需要按各国法律要求主动申报,按章缴纳行邮(行李和邮件)税,其中包含进口环节的增值税和消费税,根据物品不同分为 10%、20%、30%、50%,应缴税额低于 50 元予以免除,税率远低于一般贸易,即使扣除昂贵的航空快递、邮政费用等,价格仍具有相当大的优势,比较适用 B2C 模式,但尺度上突出"自用"和"合理数量",越界则会被视为"货物"。

B2B 平台是指供需方以贸易为目的的撮合平台,属"货物"监管范畴,有以下特点:

(1)平台类似于网上"广交会",撮合外贸 B 端客户;

(2)互联网环境下利于用更低的成本覆盖更多的目标客户;

(3)监管方式等同于传统的进出口贸易,即货物范畴;

(4)小批量 B2B 同 B2C 边界模糊化,给监管带来一定难度。

B2C 平台,主要是满足个人消费,采用"行邮"监管方式,具有以下特点:

(1)本质是商家直接找到终端消费客户的平台;

(2)一般通过商业快递、邮政速递方式寄送,以物品方式清关;

(3)行邮的监管方式,尺度较松,"灰色清关"难禁;

(4)海外 B 端到国内 C 端的电商更受关注。

近年来,随着互联网技术的普及,跨境电商不断迅猛发展,有以下几个原因:

(1)国内外物价差距巨大,因为按照现行一般贸易的模式,货物抵达中国境内后进行销售的价格,是在商品到岸价之上加入关税、消费税、增值税(一般17%,重要物资13%),总税费占比高达30%～60%;

(2)国内屡遭质疑的产品质量、食品安全以及假货问题;居民收入提高,消费升级拉动对海外高附加值商品的需求;

(3)电商消费习惯形成,年轻化、高学历、女性为主的"海淘"群体正在形成;

(4)产业链相关网站都有通俗易懂的打折信息、海淘教程;

(5)"70后"、"80后"、"90后"后的主流消费群体通过网络社交圈分享海淘心得;

(6)商家无法忽略巨大的潜在市场,有意加强推广。

随着互联网、移动端的普及,境内外商品信息的不对称逐步消除,贸易边界的概念模糊化,这将会是不可逆的长期趋势。因此国家有意推进跨境电商"阳光化"来规避渠道混乱、商品掺假、灰色清关、物流时间长、退货难等诸多弊端。在国内市场对进口商品需求大涨的情势之下,国家从2013年开始在部分城市开展跨境电商试点工作,前有上海、杭州、宁波、郑州、重庆、广州、深圳为前驱,后有福州、平潭、天津,相信未来随着互联网消费的进一步发展和民众消费需求的增长,国家一定会增加跨境电商的试点城市,使人民从中得到更多的实惠。

随着跨境电商的发展,碎片化和低成本的物流需求将迎来爆发期,"海运拼箱＋保税仓"模式潜力巨大,保税和拼箱市场前景看好。

§　第七章　§

杂谈

● 让客户觉得通过浏览世邦的官网，可以得到想要的一切资讯，这时他们就不会想要离开你再去找别人合作了，这就是在增加客户的黏性！

● 越早建立理财观念，你就越早实现财务自由，成为一个快乐的人！

● 礼仪最核心的原则就是让你周围的人感到舒适、温暖和尊重。

● 成功一定不会唾手而得，一定要先树立远大的理想，然后据此定下符合实际的中、短期目标，激励自己努力学习，掌握一定的知识和技能，在前辈精英们的指引下加上自己的领悟和实践，沿着正确的方向用持之以恒、坚持不懈的决心去达成组织的目标，进而实现自己的人生理想！

第1节 如何利用互联网工具实现货代行业的转型升级

　　经过 2015 年 5 月紧锣密鼓的筹划,世邦集运(厦门)有限公司的官网于 2015 年 6 月 1 日正式上线,我们终于实现了让客户通过手机或网络就可以上网浏览集团及厦门公司网站、了解集团相关信息的目标;可以通过世邦的运价查询系统,轻而易举地查询到所要的航线信息及市场运价,从而提升客户对世邦服务的信心,进而把订单交给世邦——这是我在世邦奋斗的梦想之一。

　　一开始,厦门营销中心的大部分同事对官网的开通是持质疑和抵制态度的,他们和很多传统的货代同行一样,很害怕客户浏览我们的官网得到实惠的运价导致自己获利空间的消失。但是,正如我一再提醒大家的是,未来工作人群的主体是整天活在线上的"90 后"、"00 后"的年轻人,你有什么办法阻挡他们用互联网的手段获取他们想要得到的任何资讯呢?如果没有办法,那为什么不提早做准备,利用客户现有跟我们合作的基础,让客户觉得通过浏览世邦官网,可以得到想要的一切资讯,这时他们就不会想要离开你再去找别人合作了,这就是增加客户的黏性!

　　厦门营销中心业务经理徐科林(Colin)就从中获益良多,以前客户只知道他是做台湾航线的,其他航线不会找他询价,现在他通过引导客户浏览世邦官网,让客户发现原来世邦还有那么多优势航线和网点,基于与徐科林的良好关系,客户就把订单交给了小徐。徐科林现在是中国大陆地区事业处业绩前五名的业务精英(2016 更是上升到榜眼),他能够不满足于现状,积极主动地配合公司的规划和策略来行动,并取得了初步的成效,相信他今后的业绩一定能继续名列前茅!

2015 年 6 月初,本人去泰国出差,感觉泰国甚至东南亚的同行对于传统货代物流企业利用互联网的平台实现转型升级的概念或思维还很模糊,甚至说没有,这种状况就像我们在 2010 年的时候。泰国同行对于我们能够用手机给客户介绍信息和报价啧啧称奇! 那时我就隐约感觉到:这就是中国人未来领先于世界的绝好机会!

这应该就是李克强总理一再强调"互联网＋"的根本用意所在吧? 2015 年政府工作报告首次提出了"互联网＋"概念,总理多次强调,推进"互联网＋"是中国经济转型的重大契机,势必深刻影响和重塑传统产业的行业格局。2016 年 7 月,李克强总理在国务院常务会议上再次强调:"推进'互联网＋'物流,既是发展新经济,又能提升传统经济。"他还说:"要推动互联网、大数据、云计算等信息技术与物流的深度融合,推动物流业乃至中国经济的转型升级,这是物流业的供给侧改革。"

相信,同事们现在从市场上已了解到,仅仅短短的一年时间,货代同行对接受互联网信息平台的态度已从怀疑和抵制转变为观望和咨询。为什么会观望呢? 就是现在还没有一个成熟的、值得称道的货代物流平台出现,目前现有的三种平台模式是:

(1)船东自建。它的缺点很明显,只能为自己的船队航线服务,比如中远海运的订舱平台不可能为马士基的客户提供服务。

（2）货代企业联盟构建。它的缺点也很明显，就是缺乏信任基础和约束机制，行业同行怎么放心把自己的客户资料交给你来订舱呢？

（3）第三方平台搭建。这种平台较好地解决了同行互信的问题，但缺陷就是平台工作人员不太了解物流货代这个行业的特点及本质，开发出来的软件无法满足货代企业日常操作的需求，效率低下，灵活变通性差。

以上三种平台各有利弊，但都无法完全满足行业企业的需求和解决利益保障的问题，所以现在全国范围内十几家平台公司正加大投入力度，各显神通逐鹿中原，相信这种局面三年之内就会尘埃落定，让我们翘首以待，但可以很明确的一点就是，以前国际货代企业利用信息不对称赚取巨额差价或利润的时代已经被互联网打破而一去不复返了！

不过，由于国际货代操作环节繁多、复杂，难以实现互联网模式的基础——标准化，所以传统的国际航运货代业还是有其生存空间和发展机遇的。本人一直认为航运货代业是"不老"的行业，未来科技即使再发达，工厂生产出来的产品还是要通过物流渠道才能送到终端用户的手上，只不过是物流的方式和方法可能会有所改变而已，所以航运货代产业链是整个国际贸易产业链的核心环节，永远不可或缺。作为行业企业的领导者和管理者要认真思考自己的企业如何适应时代发展的潮流，响应国家提倡的政策，充分运用好互联网这个工具来实现自己企业的转型升级、创新发展。

今天我们已走在正确的路上，而且比别人起跑得快，但就怕我们速度太慢了，让后面起跑的人赶上我们，后发先至！！！

第2节 你不理财 财不理你

有一次我到香港出差,利用吃饭的时间和随行的同事聊天,当时我谈到投资理财的话题,有同事打断我说:"Johnny,我们很希望你跟我们聊聊如何谈生意、如何做销售、如何管理,但对于理财我们真的没兴趣!"面对我最得力干将的一席话,我一时语塞。

回顾我的职业生涯,我一直说:"我在贵人扶持下、在同事们的呵护下经过自己努力,工作算是比较顺利的。但一路走来,我的管理、理财知识和经验都是靠自己自学和摸索的,我内心一直在感慨:如果有高人早十年指点我或教化我,那今天的我一定会取得比现在更辉煌的成就和创造更多的财富。但那时的我,年少轻狂,懵懂无知,白白浪费了很多时间和金钱,现在回想起来十分心痛。所以我才想把自己的人生经验与年轻人分享,希望大家能避免我的弯路,不管是在职业生涯还是财富自由的路上都比我走得更长!"

其实世邦集团的企业文化精髓也是如此,我们不光要关心员工的工作、学习,还希望员工家庭幸福、生活轻松没有压力。集团财务长(CFO)在集团培训中心月度培训时也曾通过视频,花了一个小时的时间谈了投资理财的内容,足见公司希望年轻人早日实现财务自由的良苦用心。

投资理财不外乎以下几种方式:储蓄、债券、股票、基金、房地产、黄金、外汇、保险、期货……

由于股市风险太大,而黄金、外汇、期货又需要庞大的资金和很强的专业知识,这几种投资方式我不希望同事们过多关注(除非 40 岁以后,而且要有自己可以控制的活钱,不能借钱或贷款来炒股、炒汇、炒黄金!)

以目前我们同事一般月收入 3 000～5 000 元为例,建议进行以下的投资配置:

(1)希望每月存工资收入的 10％入活期账户作为应急备用金。

(2)可以办一两张信用卡,巧妙利用银行的免息期(最长 56 天)来合理提前消费或应急,还可以赚取银行方面的奖励积分和奖品。但一定要在银行规定的还款期前还款(最好和工资卡或储蓄卡捆绑设立自动还款,以免误了还款期),避免留下失信的记录。随着国家信用体系的逐渐完善,每个人都要像珍惜自己的眼睛一样珍惜自己的信用,要不以后你贷款买房买车,包括出国签证审核时都会有麻烦。

(3)每月买 300～500 元的基金定投。定投的原则是:(A)至少坚持 2～3 年为一周期,不要短期操作;(B)要设停利点,一般获利达 20％～30％就要赎回,不要贪心;(C)不要设止损点,股市越低迷,买入的基金份额越多,成本就摊薄了,不要恐惧;(D)选择获利度较好的股票型基金,要选信誉度较好的基金公司。坚持这四个原则一定保证你有意想不到的收益。

(4)每年给自己买一份保额为 10 万元人民币的意外险和疾病险,有备无患。中国人对购买保险一直有两个误区:(A)认为买保险是没事找事,自己在诅咒自己要出意外;(B)认为保险是一种理财工具,希望通过买保险得到自己钱财保值甚至升值的目的。其实大家都忽略了保险对于家庭来说最重要的功能是保障的作用,保险能起到保证家庭收入、帮助家庭在遇到意外时渡过难关的作用,还有就是帮助人们消除焦虑等消极情绪从而获得安全感等作用。

(5)不要轻易加入股市,如果要尝试股市投资,一定要遵守"三闲"原则:闲心、闲时、闲钱,不能借钱或贷款来玩股票。100多年来的股市铁律是:十人炒股,七人输,两人平,只有一人赚。所以要买自己熟悉的股票,自己一无所知、道听途说的股票千万不要买!

(6)年轻人要成家立业一定要务实,买房买车一定要考虑自己的经济实力,不能让自己压力太大而疲于奔命。我自己就是租房子结婚的,真的很感谢我太太的理解和支持,后来我们工作了十年才有了自己的第一套房子。建议目前无房的同事先租房子,有条件后先买小套二手房,待以后条件好了,再置换好房子。

理财越早越好,不要因工作忙,钱不够花就忽视这方面的事务。越早建立理财观念,就越早实现财务自由,成为一个快乐的人!

第4节 职场基本礼仪

商务礼仪在日常商务活动中的重要性是毋庸置疑的:第一、它体现了个人的素质、道德水准和修养;第二、它代表着企业的形象。2016年11月,我司特别邀请厦门著名集团客户服务培训部经理为大家进行职场礼仪培训,同事们都反映此培训是历次培训中最精彩的一次,大家收获良多,特别对营销团队而言更是如此。在平时的迎来送往、宴请客户等场合,很多年轻人不太注重礼节,不知道怎样体现职场的基本礼仪,这是职场硬伤,会使客人对你的印象大打折扣。因此,学好职场礼仪至关重要。

一、仪容仪表

1.人们往往在见面的几秒钟就会形成对一个人的初步认识,因此需要得体的妆容。职业妆以淡雅的色彩为主,同时男士适度地化妆也是一种健康与活力的表现。

2.善用微笑是人际交往中比较重要的一个礼仪环节。"眼睛是心灵的窗户",视线的角度、注视范围、注视时间,都能表现出你的礼仪素养。控制自己的眉毛,以免引起不必要的误会

3.着装要与职业、场合相宜,这是不可忽视的礼仪原则。工作时间的着装应遵循端庄、整洁、稳重、美观、和谐的原则,能给人以愉悦感和庄重感,能体现自身职业态度。在非常重要的商务交往中忌穿夹克时打领带。全身的颜色不超过三种,男士以黑、白、灰为主。鞋、公文包、腰带要保持一样的颜色。男士忌:在西裤口袋里、腰带上放置手机、钥匙等物品;袖子上的商标要拆除;忌穿白色或破烂的袜子。女士忌:短、露、透。

二、交换名片

在人际交往中,名片是一个很重要的载体,它代表了一个人的形象,所以平时一定要用专用的名片夹存放名片,使名片保持整洁完好,切忌把名片放在钱包或裤兜。

结交新朋友交换名片时,一定要笑脸相迎,注视对方。应用双手的拇指和食指压住名片的两角,正面朝上,以方便对方阅读的方向呈递;如果原来是坐在座位上,应起立或欠身递送,这个过程可以顺便简单地介绍自己;遇到生僻字应主动加以说

明,避免对方尴尬,还会让人备感亲切。

接名片时,也应该用双手,并说"谢谢""幸会"。名片接到手后应浏览一下,并把重要的内容,如对方的工作单位、姓名、职称等复诵一遍,然后珍惜地放入名片夹,这样既加深记忆也表示尊重。如果是坐下来会谈且人数众多,应按座次把对方的名片放在桌上显眼的位置,便于会谈中无误地交谈,会后再自然收起,切忌摆弄名片或在名片上做笔记。

一个优秀的业务员应随时准备充足的名片以便交换,如果自己没有名片或忘带名片应诚恳地表示歉意。

当然,随着科技的进步,现在的年轻人都用电子名片或微信号来互留联络方式,此时要注意的是有些领导或长辈不习惯留名片或用现代通讯工具,这就需要思考如何取得他们的联系方式。

三、餐厅礼仪

1.正式邀请包括请柬邀请、书信邀请等具体形式,适用于正式的交往。(一般提前1～2周发出邀请,以便被邀者及早安排;需要答复的可写上"请答复"或"因故不能出席者请答复"等。)非正式邀请包括口头邀请、当面邀请、托人邀请以及打电话邀请等不同形式,多适用于非正式接触。非正式邀请也要说明邀请的时间、地点和活动,真诚表示邀请对方参加。

2.位次安排的总体原则是"以远为上""以右为尊"(对于"以左为尊"中西方不同,尚有争议)"面门为上"。

3.应等长者贵宾坐定后,方可入座。席上如有女士,应等女士坐定后,方可入座。如女士座位在隔邻,应招呼女士。

4.请勿将筷子竖插在碗或盆上。取菜舀汤,应使用公筷公匙。有客人在夹菜时切忌转动转盘,相反应主动帮忙扶住餐桌的转盘。

5.用餐时必须温文尔雅、从容淡定,避免在餐桌上咳嗽、打喷嚏、打嗝,万一无法忍住应马上道歉。自己吃东西的时候咀嚼声音要小,也不要嘴里含着食物与人交谈。

6.切忌用手指或筷子掏牙,应用牙签,并以手或手帕遮掩。

7.喝酒要掌握度,要了解自己的酒量,切勿贪杯失态,因为不少客户是通过酒桌了解对方的性格特质而决定合作与否的。

四、乘车礼仪

1.当主人亲自驾车时,若一个人乘车,则必须坐在副驾驶室上;若多人乘车,则必须有一人在副驾驶座就座,否则就是对主人的失敬。

2.副驾驶座是车上最不安全的座位。因此,按惯例,在日常社交场合,该座位不宜请妇女或儿童就座。而在商务活动中,副驾驶座,特别是双排五座轿车上的副驾驶座,则被称为"随员座",专供秘书、助理等随从人员就座。

3.具体到司机后座、司机对角线座位哪个位置更重要,要因人因时而异,最标准的做法是客人坐在哪里,哪里就是上座。所以,不必纠正或告诉对方"您坐错了"。尊重别人就是尊重别人的选择,这就是商务礼仪中"尊重为上"的原则。

4.要为客人、女性、尊长开关车门,等客人、尊长入座后再就座。

五、引导礼仪

1.距离:私人距离,小于半米至无距,以示亲密;交际距离:半米至1米半,有安全感。礼仪距离:一米半到3米,表示尊重。公共距离:三米或三米半以外,不被侵犯。

2.无人驾驶的电梯,接待或引导人员应首先进入,并负责开启电梯,最后一位离开。

3.引导人员应在被引导人员左斜前方0.5～1米左右,引导人员的步调要与来宾的速度一致,引导时,应说明目的地,右手并拢指示前往的方向,多用语言提醒,多用敬语,注意保护来宾的安全。

4.如需来宾等候,一定要告知等候的时间,并提供茶水及阅读资料。

欢迎礼仪的原则:来有迎声,问有答声,去有送声,热情周到。

六、其他礼仪

1.介绍礼仪:介绍宾客时必须离开座位,站立进行;先把身份低的介绍给身份高的;如果是本单位与外单位的人会见,应该先把本单位的人介绍给外单位的人;男士与女士见面时,应把男士介绍给女士;年长的同年轻的会见时,应把年轻者介绍给长者;如果是双方的年龄、地位差不多,可以先介绍与自己关系比较亲密的一方;如果要把一个人介绍给众多人,首先应给大家介绍这个人,然后把众人一一介绍给他。介绍时不可单指指人,应掌心向上,拇指微张指尖朝上。被介绍者应面向对方,目光对视,脸带微笑,介绍完毕后与对方握手问候,如:"您好!""很高兴认识您!"

2.握手礼:距离1米左右,时间一般为1~3秒为宜,注意力度,不可过重或过轻,应注视对方,微笑致意或问好,主人、长辈、上司、女士主动伸出手;客人、晚辈、下属、男士再相迎握手。握手时必须用右手,左手自然下垂,不可拿东西或插口袋,不可戴手套,不可双手与女士握手。

3.递接物品:如果是有文字的物品,文字方向应便于接收方阅读(如名片等);如果是尖锐物品,尖锐面应避免面对接收方;尽量用双手接送物品,如果不方便用双手,应一手扶住递送的另一手,并点头示意。

4. 斟茶倒水:茶水不宜过满,以 7 成满为宜,第一次续水应在 5～10 分钟左右,后续在 30～40 分钟即可,应双手奉茶。

总结:礼仪最核心的原则就是让周围的人感到舒适、温暖和尊重。

第 4 节　国际性人才必须熟练掌握一两门外语

2016 年的岁末,我又收获了一本好书,是由日本欧力士集团董事长宫内义彦所著的《抓住好风险》。欧力士成立于 1964 年,是日本最大的非银行金融机构和最大的综合金融服务集团,在世界 27 个国家和地区经营保险、信托银行、证券、消费者金融、投资银行、房地产金融等业务,总资产达到 852 亿美元。

宫内义彦作为与稻盛和夫等日本经营之神齐名的企业家,虽已 90 多岁高龄,仍活跃在日本的经济和政治领域,是日本颇具影响力的人物之一。他于两年前——欧力士成立 50 年之际卸任集团董事长兼 CEO,开始把自己多年经营管理中积累的经验,整理成册,传授给年轻人。

书中,宫内义彦对当今日本社会,要么浮躁急于求成追求暴富,要么由于父辈给予富足的生活,没有生活压力,在精神上显得有些脆弱,没有激情和斗志,害怕失败,经不起挫折,或者从小到大一帆风顺、一路扶摇直上的所谓精英们,一旦失败就一蹶不振,丧失信心,从此没有斗志和干劲的现象(这些跟我们当今的中国青年何其相似啊!),痛心疾首!

　　他认为人的一生总是充满了挑战和风险，年轻人不能因为有风险而裹足不前，反而要敢于直面风险，要掌握必要的知识和智慧去判断分辨是好风险还是坏风险。如果对自己有帮助、能带来收益的，即使失败了也是一份宝贵的经验，也是好风险，如果什么也不做才是最大的风险！

　　书中，宫内义彦先生用浅显易懂的语言，论述作为一个国际性人才掌握两门以上外语的重要性，并认为由公司员工在工作中的小窍门、直觉、技巧等逐渐培养起来的"隐性知识"是一个企业的宝贵财富，应该世代传承。他强调"不能光想着靠公司培养，靠前辈教，要从今天开始学习，自主积极地学习，自己给自己创造学习的条件并持之以恒"。

　　宫内义彦先生的这些论点与世邦集团李董事长宣导的理念如出一辙，相信这就是成功企业家共同的观点和方法论，我们应该好好学习领会并行动。年轻人都想成功，但成功一定不会唾手而得，一定要先树立远大的理想，然后据此定下符合实际的中、短期目标，激励自己努力学习，掌握一定的知识和技能，在前辈精英们的指引下加上自己的领悟和实践，沿着正确的方向用持之以恒、坚持不懈的决心去达成组织的目标，进而实现自己的人生理想！

◉ 推荐阅读

　　《掌握英语了解世界》（宫内义彦著：《抓住好风险》，东方出版社 2016 年版）

§ 后 记 §

有一种精神叫"中国女排"

2017 年新年钟声敲响之际,我在书桌边惬意地伸伸懒腰,听着电视里央视财经频道和新闻频道一直在盘点的 2016 年国内外政治、经济大事,我为自己因为坚持而完成自己人生梦想之一——写一本书而感到欣慰。

刚刚过去的 2016 年是一个"黑天鹅"频频出现的动荡年份:Alphago 以 4:1 的成绩狂胜围棋世界冠军李世石,英国通过公投决定脱离欧盟,特朗普赢得 2016 年的美国总统大选这三只最大的"黑天鹅";还有法国尼斯遭恐怖袭击、德国难民政策遭质疑导致新纳粹势力抬头、意大利公投否决修宪、年底的韩国总统"闺蜜门"事件导致总统朴槿惠被弹劾、跨年之夜的土耳其遭恐怖袭击等等"小黑天鹅",使原本已经脆弱的世界政治、经济蒙上了一层浓厚的雾霾,让人窒息和迷茫。

航运货代物流业 2016 年也是哀鸿一片,一整年全世界只有少数船公司盈利,大部分都出现巨额亏损,8 月底世界第七、韩国最大的船公司韩进海运无预警的破产倒闭事件已经让业界惊慌失措,手忙脚乱了一阵,随后各大船公司纷纷联盟或兼并或整合,世界船公司排行榜出现了巨大的变化。而跨年前的两周,阿里巴巴突然宣布与世界航运巨头马士基合作推出舱位宝,让货主直接通过阿里巴巴的平台订舱,不但在春节期间可以保证舱位需求,还提前锁定运价不浮动,使客户免除以往在春节旺季饱受困扰的订不到舱位以及船公司、货代、运输公司任意涨价之苦。广大中小国际货代企业一夜醒来惊呼业界的世界末日到了！

2017年，美国当选总统特朗普上台后会采取什么样的政治、经济政策，将怎样影响这个世界？最大的变数还是来自于欧洲，英国还会留在欧盟吗？德国总理默克尔会下台吗？谁将赢得法国大选？意大利右翼势力会上台吗？这些未来的"黑天鹅"将怎么影响这个世界政治、经济的走向，现在应该没有哪一个政治或经济评论员敢给予明确的答案，但可以确定的是2017年的世界经济将持续徘徊于萧条低迷之谷，难于复苏。

动荡飘摇的2016年中最令中国人振奋的事件当数8月份举行的里约奥运会，中国女排经过两个小时的苦战最终以3：1的比分，在先失一局的不利情况下，靠发球、拦网、扣杀连夺三局，战胜身体素质比自己强壮的塞尔维亚队，时隔12年重夺奥运女排冠军，登上了最高的领奖台！

那一天，好友圈都被刷爆了，都在点评、称赞中国女排，称赞主教练郎平！

1980年以后出生的年轻人，可能不太理解中国女排对中国一代人意味着什么？35年前，当国家开始拨乱反正、百废待兴之时，国人茫然无措、难掩自卑之际，是中国女排从1981年至1986年创造了世界女排5连冠的伟业，给国人带来了信心，激励了一代人自强不息、努力拼搏去追赶世界强国，在那个峥嵘岁月，以现在主教练郎平为主攻手的中国女排就是民族精神的体现！

35年过去了，中国已发生了翻天覆地的变化，更成为世界第二大经济体，人民也都过上小康的生活，中国已有很多种方式展现国家形象和民族精神。而女排的成绩也因为世代交替、教练更换等因素而出现了一些起伏，但"中国女排精神"已经深深地刻在无数中国人的心里，它依然是爱国主义和民族自豪感的体现。中国女排精神其实是一个正能量的集合体，而其中最主要的就是拼搏、坚持和团队的精神，特别是主教练郎平女士，在女排最低谷的时期，义无反顾地舍弃个人家庭的幸福，不顾病痛的困扰，回国应聘，用身先士卒的榜样力量，把新组建的年轻团队重新带到了世界体育之巅，令人敬佩！

从中国女排的胜利，我们可以领悟到，任何问题都有一个解决办法，而你的任务就是找出这个办法！成功没有技巧，如果说存在这样一种成功的技巧，那就是专心致志的能力和无路可走时选择最佳路线的技巧。

面对未来这么多的不确定性，陈春花教授说："不景气的环境是好公司的机会。"我时常感恩自己非常幸运能在一生最美好的时光到世邦集团工作。集团董事长李健发先生强调"企业赚钱要有格局"，"没有船的船代和没有货的货代，就像没有根的浮萍是没有未来和希望的"，所以在整个航运界最低迷的时候，世邦集团于2013年成立了自己的船公司"世邦海运股份有限公司"，开始了买船、造船的投资计划，连现任台湾阳明海运董事长谢志坚先生都对李董事长的雄才大略表示钦佩。放眼世界航运货代业，世邦集团是屈指可数的，从传统的货物承揽企业一路发展成为集货物承揽、船舶代理、船舶管理及租赁、船舶运营、国际贸易、供应链管理、项目物流等覆盖全产业链的第三方物流服务供应商，可以为全球客户提供周到、贴心、优质、高效的全面服务。

所以不管前面的路多么曲折坎坷、荆棘密布，只要我们向中国女排健儿们学习永不放弃、永不言败的拼搏精神，勇担责任、互相激励的团队精神，坚持梦想、踏实前行的务实态度，我们就能战胜一切困难和挫折，实现梦想，取得成功！

就像我，一开始只是坚持把看到的好书好文章的读后感做成"每周一文"跟同事分享，再发展到有系统地编写教材、到企业学校去讲课，到后来受同人们的鼓励萌发了将这15年来的每周一文、培训课件整理成册的念头。从收集资料开始至今有半年的时间，特别是十月份我生日过后，我的速度就加快了，差不多用一周一章的速度在进行着，期间我还主持公司的日常工作，经常出差，任职的商协会也有很多活动，不少同人非常惊讶我在那么繁重的工作之外，还有时间完成这么艰巨的任务，这一切就是梦想的力量、坚持的力量！

最后我要感谢我的家人，因为我是个工作狂，没有他们的无私奉献和支持，我是不可能全身心地投入到工作和学习中的；我要感谢世邦国际企业集团的李健发董事长、阮文钦副董事长、阙壮兴董事等领导，没有他们的信任和关爱，没有世邦给予我的舞台，我不可能取得今天的成绩；我要感谢自己职业生涯中两位至关重要的贵人——我的中学同学黄毅红女士，她在1992年把我推荐进美商海陆（Sea-Land Service），从此我进入航运界奋斗至今25年，还有时任东方海外（OOCL）福建地区总经理的范姜文先生，是他在2002年把我推荐进"世邦"，造就了现在的我；感谢世邦集团李董事长和中外运集装箱运输有限公司徐秋敏总经理在百忙中抽空为本书作序，令拙作增色不少；感谢《海西物流》杂志社蔡远游总编对本书的诸多指点；感谢我在厦门的同事陈守勤、林彩琼、孙俪玲、周莹、史云、陈小玲、林希盈、陈明恋、王康等人在我编写此书时帮我收集资料、整理文稿，没有他们此书根本不可能完成！

要感谢的人还有很多，无法一一列出，如果说我的职业生涯取得了一点小小的成绩，除了自身的努力之外，我一直感恩老天的厚爱庇佑，感恩我身边前辈精英们的指导和爱护，感恩我所有同事对我的力挺和关爱……没有他们，即使我再努力也将一事无成，我将一直怀着一颗感恩的心在未来之路上尽我所能回报大家、回报社会！

2017 年元月

修订版后记

  2017年9月26日是个好日子,也是我人生中最值得纪念的日子之一。在国家一级出版社、全国百佳图书出版单位——厦门大学出版社的大力支持下,本人的第一本专著《航运物流从业第一课》终于如期出版,并在美丽的筼筜湖畔的厦门金雁酒店举办首发仪式。

  一切都在意料之中,也在意料之外。所谓的意料之中,就是在整理文稿准备出版时,本人对自己呕心沥血,集十五年在世邦国际企业集团学习、管理、培训经验和心得的精华而整理出来的本书很有信心,相信对行业企业的管理培训,特别是新进员工的基本素质教育应该有一定的参考价值。

  意料之外的是,众多企业对本书高度的肯定及赞赏让本人受宠若惊。首发仪式的现场,各企业就预订了2 000册,短短的几天时间,第一次印刷的6 000册基本已预售一空。在此特别感谢中航运物流俱乐部、厦门市国际货运代理协会等行业组织的大力支持;感谢厦门市国际货运代理协会会长、厦门中运海运集装箱运输有限公司总经理周敢飞先生亲临发布会现场并发表了热情洋溢的讲话;感谢美设国际集团葛善根董事长、全球捷运物流集团姚溯总裁、厦门旭盈物流股份有限公司叶熙总经理、典泰物流有限公司韩文松总经理、德翔航运厦门首席代表杨聪祥先生、厦门建发国际货运代理有限公司、厦门外代国际货运有限公司、中国外运福建有限公司等企业和个人的热捧(现场订购本书的单位和个人太多,请原谅篇幅有限无法一一列出),各位对本人的关怀和厚爱将铭记在心,永生难忘!

  此书的热销,令本人诚惶诚恐、忐忑不安,为了不贻笑大方、误人子弟，本人利用国庆及中秋的 8 天长假在家里对原书稿再一次进行认真的校对和修改。由于水平有限加上时间仓促，本书初版确实存在一些明显的瑕疵和不足，结合全国各地同人的反馈意见，本人对第一章"企业文化建设"第 6 节"培养接班人"、第五章"营销技巧"第 4 节"人脉和深耕在销售中的作用"和第 7 节"如何突破销售的瓶颈"等内容做了比较详细的展开论述以求全书的完整。对本书中存在的一些瑕疵及同人指出的不足之处也做了修订，力求再版时能呈现更完美、准确的内容和资料。

特别鸣谢厦门市国际货运代理协会周敢飞会长、上海市国际货运代理行业协会李林海秘书长、《海西物流》杂志社总编辑蔡远游先生在百忙之中通读本书并为再版题序，令拙作增色许多。

为了回报社会和广大同人的肯定和厚爱，本人利用此书再版的机会郑重宣布：此书的稿费将悉数捐献给厦门市老年基金会等慈善机构，为社会慈善事业奉献微薄的心意。对所有购买本书的企业，本人承诺将在 2018 年到全国各地去与各企业、大专院校做公益性的交流、座谈或讲座，希望本书真正能在帮助企业提升管理水平，帮助年轻人尽快成才、实现梦想方面做出一定的贡献。

黄伟明

2017 年 11 月 18 日

§ 附录一 §

2016 年全球港口集装箱吞吐量排名

排名	港口名称	吞吐量 （万 TEU）	排名	港口名称	吞吐量 （万 TEU）
1	上海港	3 713	16	大连港	959
2	新加坡港	3 090	17	汉堡港	891
3	深圳港	2 411	18	洛杉矶港	886
4	宁波舟山港	2 157	19	丹戎帕拉帕斯港	828
5	香港港	1 963	20	林查班港	723
6	釜山港	1 943	21	长滩港	678
7	广州港	1 858	22	纽约新泽西港	625
8	青岛港	1 801	23	营口港	609
9	迪拜港	1 480	24	科伦坡港	574
10	天津港	1 450	25	胡志明港	569
11	巴生港	1 317	26	不莱梅哈芬港	549
12	鹿特丹港	1 239	27	苏州港	548
13	高雄港	1 046	28	丹绒不碌港	540
14	安特卫普港	1 004	29	巴伦西亚港	472
15	厦门港	960	30	连云港港	470

资料来源 http://info.jctrans.com/news/hyxw/20173272334019.shtml

§ 附录二 §

2016 年中国码头吞吐量前十名

城市	集装箱吞吐量	外贸吞吐量	总吞吐量
	万 TEU	万吨	万吨
上海	3 713	37 945	64 295
深圳	2 411	18 151	21 417
宁波—舟山港	2 157	43 129	91 777
广州	1 858	12 365	52 181
青岛	1 801	33 280	50 083
天津	1 450	29 499	55 000
厦门	960	9 866	20 904
大连	959	13 536	42 873
营口	609	7 676	34 702
连云港	470	11 075	20 208

资料来源:http://info.jctrans.com/news/hyxw/20171252321459.shtml

§ 附录三 §

2016 年全球货运代理 25 强

上榜企业排名依次为：

1.DHL 敦豪全球货运有限公司（DHL SUPPLY CHAIN & GLOBAL FORWARDING CO.，LTD.）

2. KUEHNE ＋ NAGEL 德迅货运代理有限公司（KUEHNE & NAGEL LIMITED.）

3. DB SCHENKER 全球国际货运代理有限公司（SCHENKER LTD.）

4.DSV 得斯威国际货运有限公司（DSV AIR & SEA CO.，LTD.）

5.SINOTRANS LIMITED 中国外运长航集团有限公司（SINOTRANS & CSC HOLDINGS CO.，LTD.）

6. PANALPINA 泛亚班拿国际运输代理有限公司（PANALPINA WORLD TRANSPORT LTD.）

7.NIPPON EXPESS 日通国际物流有限公司（NIPPON EXPRESS CO.，LTD.）

8.EXPEDITORS 劲达货运股份有限公司（EXPEDITORS INTERNATIONAL OF WASHINGTON，INC.）

9.UPS 优比速国际货运有限公司（UPS SCS LIMITED.）

10.CEVA 美商宏鹰国际货运有限公司（CEVA FREIGHT LIMITED）

11.GEODIS 乔达国际货运有限公司（GEODIS WILSON LIMITED.）

12. Bolloré 硕达国际货运有限公司（BOLLORE LOGISTICS CO., LTD.）

13. Hellmann Worldwide Logistics 汉宏物流有限公司（HELLMANN WORLDWIDE LOGTISTICS LTD.）

14. KWE(Kintetsu World Express)近铁国际物流有限公司(KINTETSU WORLD EXPRESS CO., LTD.)

15. Yusen Logistics 日邮物流有限公司（YUSEN LOGISTICS CO., LTD.）

16. KERRY LOGISTICS 嘉里大通物流有限公司（KERRY EAS LOGISTICS LTD.）

17. DACHSER 德莎国际货运代理有限公司(DACHSER CO., LTD.)

18. C. H. ROBINSON 罗宾逊全球货运有限公司(C. H. ROBINSON WORLDWIDE CO., LTD.)

19. AGILITY 亚致力物流有限公司（AGILITY LOGISTICS LIMITED.）

20. Hitachi Transport System 日立物流有限公司（HITACHI TRANSPORT SYSTEM LTD.）

21. TOLL GROUP 拓领环球货运代理有限公司(TOLL GLOBAL FORWARDING LIMITED.)

22. DAMCO 丹马士环球物流有限公司（DAMCO LIMITED.）

23. XPO LOGISTICS 北欧亚太国际货运代理有限公司(XPO GLOBAL FORWARDING LTD.)

24. LOGWIN 普及国际货运代理有限公司(LOGWIN AIR + OCEAN LTD.)

25. NNR Global Logistics 西铁国际货运代理有限公司(NNR GLOBAL LOGISTICS CO., LTD.)

2016 年全球货运代理 25 强

Rank	Provider	Gross Revenue (us $ m)	Ocean TEUs	Air Metric Tons
1	**DHL** DHL Supply Chain & Global	26 105	3 059 000	2 081 000
2	KUEHNE+NAGEL Kuehne + Nagel	20 294	4 053 000	1 304 000
3	DB SCHENKER DB Schenker	16 746	2 006 000	1 179 000
4	DSV DSV	10 073	1 305 594	574 644
5	SINOTRANS LIMITED	7 046	2 950 800	532 400
6	PANALPINA on 6 continents Panalpina	5 276	1 488 500	921 400
7	NIPPON EXPRESS Nippon Express	16 976	550 000	705 478
8	Expeditors Expeditors	6 098	1 044 116	875 914
9	UPS UPS Supply Chain Solutions	6 793	600 000	935 300

Rank	Provider	Gross Revenue (us $ m)	Ocean TEUs	Air Metric Tons
10	CEVA Logistics	6 646	681 600	421 800
11	GEODIS	6 830	690 000	330 000
12	Bolloré Logistics	4 670	856 000	569 000
13	Hellmann Worldwide Logistics	3 443	902 260	576 225
14	Kintetsu World Express	4 373	556 640	495 947
15	Yusen Logistics	4 169	633 056	332 389
16	Kerry Logistics	3 097	1 055 600	282 200
17	DACHSER Intelligent Logistics	6 320	481 400	272 100
18	C.H. Robinson	13 144	485 000	115 000

续表

Rank	Provider	Gross Revenue (us $ m)	Ocean TEUs	Air Metric Tons
19	Agility	3 576	513 500	372 700
20	Hitachi Transport System	6 273	430 000	230 000
21	Toll Group	5 822	542 000	114 000
22	Damco	2 500	659 000	190 000
23	XPO Logistics	8 638	131 500	72 300
24	Logwin	1 095	600 000	140 000
25	NNR Global Logistics	6 676	146 278	286 897

资料来源:海运网

§ 附录四 §

全球船东 TOP100

Rank	Operator	船东	TEU	SHIPS
1	APM—MAERSK	马士基航运	3 421 740	638
2	MEDITERRANEAN SHIPPING	地中海航运	3 073 439	509
3	CMA CGM GROUP	达飞集团	2 333712	458
4	COSCO SHIPPING	中远海运集运	1 745 189	314
5	HAPAG—LLOYD	赫伯罗特船务	1 519 435	219
6	EVERGREEN LINE	长荣海运	1 047 584	196
7	OOCL	东方海外货柜航运	670 386	104
8	YANG MING MARINE	阳明海运	589 58	97
9	NYK LINE	日本邮船	563 260	97
10	HAMBURG SUD GROUP	汉堡南美航运	559 080	104
11	MOL	商船三井	536 347	82
12	PIL(Pacific lnt.Line)	太平船务	367 237	139
13	KLINE	川崎汽船	353 566	61

Rank	Operator	船东	TEU	SHIPS
14	HYUNDAI M.M.	现代商船	344 408	59
15	ZIM	以星综合航运	340 975	74
16	WAN HAI LINES	万海航运	226 133	87
17	X－PRESS FEEDERS GROUP		146 512	94
18	KMTC	高丽海运	118 286	60
19	IRISL GROUP	伊朗国航	97 671	45
20	SITC	海丰国际	94 930	72
21	ZHONGGGU LOGISTICS	中谷海运	94 168	81
22	ARKAS LINE/EMES	阿尔卡斯航运	73 731	44
23	SINOTRANS	中外运集运	67 103	41
24	QUANZHOU AN SHENG	泉州安盛船务	65 891	45
25	TS LINES	德翔海运	63 807	31
26	SIMATECH	西马泰克航运	62 081	20
27	UNIFEEDER	—	55 569	52
28	EMIRATES SHIPPING	阿联酋航运	52 478	11
29	TRANSWORLD GROUP	席勒亚斯航运	51 285	31

续表

Rank	Operator	船东	TEU	SHIPS
30	SALAM PASIFIC	萨拉姆太平洋航运	48 243	50
31	SINOKOR	长锦商船	46 883	40
32	GRIMALDI（NAPOLI）	格里马迪海运	46 813	41
33	HEUNG－A SHIPPING	兴亚海运	44 731	36
34	SWIRE SHIPPING	太古船务	44 012	30
35	MATSON	美森轮船	43 310	26
36	SM LINE CORP	森罗海运	42 325	12
37	NILEDUTCH	尼罗河航运	41 445	14
38	SAMUDERA	萨姆达拉船务	40 878	39
39	RCL（Regional Container Ltd）	宏海箱运	39 576	23
40	STREAM LINE(SEATRADE BV)	—	38 960	55
41	SEABOARD MARINE	喜宝海运	35 885	24
42	NINGBO OCEAN SHIPPING	宁波远洋	33 632	44
43	MERATUS	迈拉特斯航	32 734	51
44	TANTO INTIM LINE	印尼坦托航运	30 710	51
45	LINEA MESSINA	麦希纳航运	28 070	11
46	NAMSUNG SHIPPING	南星海运	26 272	28

Rank	Operator	船东	TEU	SHIPS
47	TEMAS LINE	德玛斯航运	26 197	34
48	MACS	马克思航运	19 212	11
49	SHIPPING COPR. OF INDIA	—	19 209	4
50	QATAR NAVIGATION (MILAHA)	卡塔尔轮船	18 769	12
51	CROWLEY LINER SERVICES	克罗利海运	16 886	17
52	FESCO	俄罗斯远东航运	16 374	14
53	WESTWOOD	威速航运	16 056	7
54	FAR SHIPPING	—	15 395	10
55	TROPICAL SHPPING/ TOTE MARITIME	热带航运	15 041	19
56	MARFRET	—	15 040	10
57	DALIAN TRAWIND MARINE CO	大连信风海运	14 269	5
58	CHUN KYUNG (CK LINE)	天敬海运	14 104	14
59	INTERASIA LINE	—	14 080	6
60	SHANGHAI JIN JIANG	上海锦江航运	13 814	14
61	DOLE OCEAN LINER	多利海运班轮	13 798	13
62	LOG—IN LOGISTICA	罗格伊物流	13 751	5

续表

Rank	Operator	船东	TEU	SHIPS
63	INDEPENDENT CONTAINER LINE	独立集装箱航运	13 394	5
64	TURKON LINE	土耳其航运	13 367	7
65	SHANGHAI HAI HUA (HASCO)	上海海华轮船	12 201	17
66	TAICANG CONTAINER LINES	太仓海运	11 773	11
67	GUANGXI HONGXING SHIPPING	广西鸿翔船务	11 642	23
68	CARIBBEAN FEEDER SERVICE	—	11 577	13
69	PASHA HAWAII TRANSPORT LINES	芭莎夏威夷运输班轮	11 570	6
70	DAL	德国非洲班轮公司	11 539	5
71	GREAT WHITE FLEET	太白舰队	11 421	9
72	CONTAINERSHIPS OY	芬兰集装箱航运	10 835	12
73	MTT SHIPPING	马来 MTT 公司	10 688	8
74	INTERWORLD SHIPPING AGENCY	—	10 623	4
75	BORCHARD LIENS		10 412	11
76	MELFI MARINE	梅尔菲航运	10 298	6

Rank	Operator	船东	TEU	SHIPS
77	DEL MONTE FRESH PRODUCE CO	—	9 958	9
78	KING OCEAN	海中之王航运	9 905	11
79	PEEL PORTS（BG FREIGHT）	皮尔港口公司	9 380	11
80	BENGAL TIGER LINE	猛虎航运	9 229	6
81	SAMSSKIP	山姆斯奇航运	8 980	13
82	EIMSKIP	怡航公司	8 696	13
83	PHILIPPINES SPAN ASIA CARRIER CORP.	—	8 559	19
84	BOLUDA LINES	博路达	8 107	8
85	VINALINES	越南国际航运公司	7 641	10
86	PAN CONTINENTAL SHPPING	泛洲海运	7 632	7
87	OCEANIC CARGO LINES	海洋货物运输公司	7 072	18
88	EAS DATONG	天津达通航运	7 005	6
89	TIANJIN MARINE SHIPPING	天津海运	6 644	4
90	TARROS	—	6 401	5

Rank	Operator	船东	TEU	SHIPS
91	CARAKA TIRTA PERKASA	—	6 213	9
92	KAMBARA KISEN	神原汽船	6 132	7
93	HARBOUR－LINK LINE	—	6 075	10
94	ADMIRAL FEEDER LINE	—	6 046	9
95	MARGUISA	马拉瓜	5 846	2
96	SASCO (SAKHALIN SHIPPING CO)	萨哈林航运	5 718	10
97	IMOTO LINES	—	5 586	25
98	DONGJIN SHIPPING	东进海运	5 427	6
99	IRISH CONTINETAL GROUP	—	5 278	6
100	ADNATCO	—	15 000	4

资料来源:https://alphaliner.axsmarine.com/PublicTop100/

备注:本名单截止日期为 2017 年 7 月 6 日

§ 附录五 §

常见集装箱种类、规范及尺寸

下列资料中的各项规范会因制造年份和制造商而略有不同。

普通干货箱

用途

为一般的普通货物使用

20ft Dry Container 20' 普通箱

外部尺寸		
长度（毫米）	宽度（毫米）	高度（毫米）
6 058	2 438	2 591
内部尺寸		
长度（毫米）	宽度（毫米）	高度（毫米）
5 898	2 350	2 390
重量		
最大毛重（公斤）	空箱皮重（公斤）	有效载荷（公斤）
30 480	2 260	28 220
箱内容积（立方米）		
33.1		

40ft Dry Container
40'普通箱

外部尺寸		
长度 （毫米）	宽度 （毫米）	高度 （毫米）
12 192	2 438	2 591
内部尺寸		
长度 （毫米）	宽度 （毫米）	高度 （毫米）
12 031	2 350	2 390
重量		
最大毛重 （公斤）	空箱皮重 （公斤）	有效载荷 （公斤）
30 480	3 740	26 740
箱内容积（立方米）		
67.6		

40ft High Cube Dry
Container 40'超高箱

外部尺寸		
长度 （毫米）	宽度 （毫米）	高度 （毫米）
12 192	2 438	2 896
内部尺寸		
长度 （毫米）	宽度 （毫米）	高度 （毫米）
12 031	2 352	2 698
重量		
最大毛重 （公斤）	空箱皮重 （公斤）	有效载荷 （公斤）
30 480	3 930	26 550
箱内容积（立方米）		
76.3		

冷藏集装箱

用途

装载需要设置温度控制的特殊货物

温度设置　　　　　　　　　　　制冷剂

$+25℃ \sim -25℃$　　　　　　环保制冷剂

20ft Reefer Container
20'冷藏箱

外部尺寸		
长度（毫米）	宽度（毫米）	高度（毫米）
6 058	2 438	2 591
内部尺寸		
长度（毫米）	宽度（毫米）	高度（毫米）
5 449	2 300	2 273
重量		
最大毛重（公斤）	空箱皮重（公斤）	有效载荷（公斤）
30 480	3 040	27 440
箱内容积(立方米)		
28.5		

40ft High Cube Reefer Container 40'冷藏箱

外部尺寸		
长度 （毫米）	宽度 （毫米）	高度 （毫米）
12 192	2 438	2 896
内部尺寸		
长度 （毫米）	宽度 （毫米）	高度 （毫米）
11 584	2 292	2 554
重量		
最大毛重 （公斤）	空箱皮重 （公斤）	有效载荷 （公斤）
34 000	4 800	29 200
箱内容积(立方米)		
65.1		

开顶箱

用途

集装箱的顶棚采用特种防水布制造,根据需要进行开闭,更加便利装载货物

20ft Open Top Container
20' 开顶箱

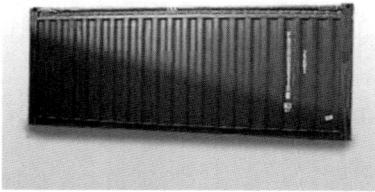

外部尺寸		
长度 （毫米）	宽度 （毫米）	高度 （毫米）
6 058	2 438	2 591
内部尺寸		
长度 （毫米）	宽度 （毫米）	高度 （毫米）
5 897	2 350	2 367
重量		
最大毛重 （公斤）	空箱皮重 （公斤）	有效载荷 （公斤）
30 480	2 370	28 110
箱内容积（立方米）		
32.8		

40ft Open Top Container
40' 开顶箱

外部尺寸		
长度 （毫米）	宽度 （毫米）	高度 （毫米）
12 192	2 438	2 591
内部尺寸		
长度 （毫米）	宽度 （毫米）	高度 （毫米）
12 020	2 342	2 350
重量		
最大毛重 （公斤）	空箱皮重 （公斤）	有效载荷 （公斤）
30 480	4 200	26 280
箱内容积（立方米）		
66.1		

§ 附录六 §

航运货代物流及国际贸易
常见英语术语及短语

A

A/R	ALL RISKS(INSURANCE) 一切险
ARR	ARRIVAL 到达(到港)
ARRD.	ARRIVED 已到达
A/S	AFTER SIGHT 见票后付款(汇票)
A/S	ALONGSIDE 在旁(船边)
ASAP	AS SOON AS POSSIBLE 尽快
A/N	ARRIVAL NOTICE 到货通知
ASS	ASSOCIATE 合伙人
ATA	ACTUAL TIME OF ARRIVAL 实际到达时间
ATD	ACTUAL TIME OF DEPARTURE 实际离开时间
ATS	ALL TIME SAVED 所有节省时间
ATTY	ATTORNEY 代理人,律师
AV	AVERAGE 平均
AWB	AIR WAYBILL 空运单
APPROX.	APPROXIMATELY 近似,约计
APS	ARRIVAL PILOT STATION 到达引航站
AC	ACCOUNT CURRENT 往来账户

A/C	FOR ACCOUNT OF 为……代销
ACC.	ACCEPTANCE; ACCEPTED 接受
ACCDG	ACCORDING TO 根据
ACCT	ACCOUNT 账
ACOL	AFTER COMPLETION OF LADING 装货结束后
A.D.	AFTER DATE 在指定日期后
AD VAL	AD VALOREM (ACCORDING TO VALUE) 从价
ADV	ADVISE 告知
AFRA	AVERAGE FREIGHT RATE ASSESSMENT 平均运费指数
AFLWS	AS FOLLOWS 如下
AGCY	AGENCY 代理公司
AGT	AGENT 代理人
AGW	ALL GOES WELL 一切顺利
A.G.W.T.	ACTUAL GROSS WEIGHT 实际毛重(总重)
AMT	AIR MAIL TRANSFER 航空信汇
ANCH	ANCHORAGE 锚地
A.O.	ACCOUNT OF... ……账上
AOH	AFTER OFFICE HOURS 工作时间外
A/OR	AND/OR 及/或者
A/P	ACCOUNT PAID 账目付讫
AMS	(AMERICAN) AUTOMATED MANIFEST SYSTEM(美国)自动舱单系统
AFR	ADVANCE FILING RULES 日本舱单数据

B

BKF	BOOKING FEE 订舱费
B.A.C.	BUNKER ADJUSTMENT CHARGE 燃油附加费
B.A.F.	BUNKER ADJUSTMENT FACTOR 燃油附加费
BB	BALLAST BONUS 空航奖金(空放补贴)
BBB	BEFORE BREAKING BULK 卸货前
B.C.	BULK CARGO 散货
B/D	BANK(ER'S) DRAFT 银行汇票
B.D.I.	BOTH DATES(DAYS) INCLUSIVE 包括首尾两日
BDTH.	BREADTH 宽度
BDY.	BOUNDARY 边界
BENDS	BOTH ENDS 两端(装货和卸货港)
B/G	BONDED GOODS 保税货物
BIMCO	BALTIC INTERNATIONAL MARITIME CONFERENCE 波罗的海国际航运工会
BIZ	BUSINESS 业务
BKGE	BROKERAGE 经纪费,佣金
B/L	BILL OF LOADING 提单
BLK.	BULK 散(装)货
BOD	BUNKER OF DELIVERY 交燃油
BOR	BUNKER OF REDELIVERY 接燃油
BRL	BARREL 桶(英,美容积单位)
B/S	BILL OF SALE 卖契

BBS   BASIS 基础

BT   BERTH TERMS 泊位条款

BV   BUREAU VERITAS（FRENCH SHIP
           CLASSIFICATION SOCIETY）法国船级社

B.W.   BONDED WAREHOUSE 保税仓库

BXS.   BOXES 盒,箱

C

CIC   CONTAINER IMBALANCE CHARGE 集
           装箱不平衡费

CVGP   CUSTOMS VALUE PER GROSS POUND
           海关价值,每磅毛重

CWE   CLEARED WITHOUT EXAMINATION
           海关免验结关

CWT   HUNDRED WEIGHT 担,英＝112 磅 美＝
           100 磅

CWO   CASH WITH ORDER 订货时付款/订购
           即付

CY   CONTAINER YARD 集装箱堆场

CIP   CARRIAGE AND INSURANCE PAID TO
           运费及保险费支付到……

CL.   CLASSIFICATION 分类,定级

CLEAN
B/L   CLEAN BILL OF LADING 清洁提单

CM   CENTIMETERS(S) 公分（厘米）

CM3   CUBIC CENTIMETER(S) 立方厘米

C/N   CONSIGNMENT NOTE 发货通知书；托

运单

CNEE	CONSIGNEE 收货人
CNMT /CONSGT	CONSIGNMENT 托付
CNOR	CONSIGNOR 发货人,委托人
C/O	CERTIFICATE OF ORIGIN 原产地证明书
COA	CONTRACT OF AFFREIGHTMENT 租船契约
C.O.D.	CASH ON DELIVERY 货到付款
COM	COMMISSION 佣金
CONS	CONSUMPTION 消耗
CAC	CURRENCY ADJUSTMENT CHARGE 货币(贬值)附加费
CAD	CASH AGAINST DOCUMENTS 凭单据付款
CAF	CURRENCY ADJUSTMENT FACTOR 货币贬值附加费
CAP	CAPACITY 容量,能力
CAPT	CAPTAIN 船长
CAS	CURRENCY ADJUSTMENT SURCHARGE 货币贬值附加费
CASS	CARGO ACCOUNTS SETTLEMENT SYSTEM(IATA)货物结算系统(国际航空运输协会)
C.B.	CONTAINER BASE 集装箱基地
CBF	CUBIC FEET 立方英尺
C.& D.	COLLECTION AND DELIVERY 上门

取送、收运费交货

C.B.D.	CASH BEFORE DELIVERY 付款后交货
CBM	CUBIC METRE 立方米
CC	CHARGES COLLECT 货到付款
CCL	CUSTOMS CLEARANCE 结关
CCS	CONSOLIDATED CARGO(CONTAINER) SERVICE 集货(集装箱拼装货服务)
CCX	COLLECT 货到付款
C/D	CUSTOMS DECLARATION 海关申报单
CFM	CONFIRM 确认
CFR	COST AND FREIGHT(INCOTERMS)成本加运费(国际贸易术语解释通则)
CFS	CONTAINER FREIGHT STATION 集装箱货运站
CGO	CARGO 货物
C.H.	CARRIERS HAULAGE 集装箱承运人接运
C.H.C.	CARGO HANDLING CHARGES 货物操作(装卸)费
CH.FWD.	CHARGES FORWARD 运费等货到后由收货人自付,买方负责费用
CHOPT	CHARTERER'S OPTION 租方选择
CHTRS	CHARTERERS 租船人
C.I.A.	CASH IN ADVANCE 预支现金
CIF	COST, INSURANCE AND FREIGHT (INCOTERMS)到岸价(成本,保险费,运费)
CLP	CONTAINER LOAD PLAN 装柜明细
CIF	CUSTOMS INSPECTION FEE 查验费

CCF	CUSTOM CLEARANCE FEE 报关费,清关费
CS	CONGESTION SURCHARGE 港口拥塞附加费
CRF	CORRECTION FEE 改单费

D

D/P	DOCUMENTS AGAINST PAYMENT 付款交单
DSTN	DESTINATION 目的地(港)
DT	DEEP TANK 深舱
DTG	DISTANCE TO GO 还航行距离
DTLS	DETAILS 细节
DWCC	DEAD WEIGHT CARGO CAPACITY 货物载重量
DWT	DEAD WEIGHT TON 载重吨
D/A	DOCUMENTS AGAINST ACCEPTANCE 承兑交单
DAF	DELIVERED AT FRONTIER (INCOTERMS)边境交货(国际贸易术语解释通则)
DAP	DOCUMENTS AGAINST PAYMENT 付款交单
D.A.S.	DELIVERED ALONGSIDE SHIP 船边提货
D.CL	DETENTION CLAUSE 滞留条款
DDO	DISPATCH DISCHARGING ONLY 卸货港速遣

DDP　　　DELIVERED DUTY PAID(INCOTERMS) 完税后交货(国际贸易术语解释通则)

DDU　　　DELIVERED DUTY UNPAID (INCOTERMS)未完税交货(国际贸易术语解释通则)

DELY　　　DELIVERY 交付

DEM　　　DEMURRAGE 滞期(费)

DEP　　　DEPARTURE 离开,开航

DES　　　DELIVERED EX SHIP(INCOTERMS)目的港船上交货(国际贸易术语解释通则)

DEQ　　　DELIVERED EX QUAY(DUTY PAID) (INCOTERMS)目的港码头交货(完税货)(国际贸易术语解释通则)

DEV　　　DEVIATION 绕航

DF　　　DEAD FREIGHT 空舱费

DFP　　　DUTY-FREE PORT 免税港

DHD　　　DISPATCH HALF DEMURRAGE 速遣费是滞期费的一半

DIA　　　DIAMETER 直径

DISCH　　　DISCHARGE 卸货

DISPORT　　DISCHARGE PORT 卸货港

DOCIMEL　DOCUMENT CIM ELECTRONIQUE (ELECTRONIC CIM DOCUMENT) CIM 电子单证

D/O　　　DELIVERY ORDER 提货单

DOC　　　DOCUMENTATION FEE 单证费,文件费

E

EDI	ELECTRONIC DATA INTERCHANGE 电子数据交换
EDP	ELECTRONIC DATA PROCESSING 电子数据处理
E.G.	FOR EXAMPLE 例如
EIR	EQUIPMENT INTERCHANGE RECEIPT (CONTAINERS)设备交接单(集装箱)
ENCL.	ENCLOSURE 附件
ERLOAD	ESTIMATED READY TO LOAD 预计准备装货
ETA	ESTIMATED TIME OF ARRIVAL 预计到达时间
ETB	ESTIMATED TIME OF BERTH 预计靠泊时间
ETCD	ESTIMATED TIME OF COMPLETION OF DISCHARGE 预计卸货完成时间
ETD	ESTIMATED TIME OF DEPARTURE 预计离开时间
ETR	ESTIMATED TIME OF REDELIVERY 预计还船时间
ETS	ESTIMATED TIME OF SAILING 预计开航时间
EXW	EX WORKS (INCOTERMS) 工厂交货
ENS	ENTRY SUMMARY DECLARATION 欧盟舱单数据
EBS	EMERGENT BUNKER SURCHARGES 紧

急燃油附加费

F

FWC　　FULL LOADED WEIGHT & CAPACITY 满载重量和容量（集装箱）

FWDR.　　FORWARDER 货物代理人

FWR　　FIATA WAREHOUSE RECEIPT FIATA 仓库收据

FYG　　FOR YOUR GUIDANCE 供遵照执行

FYI　　FOR YOUR INFORMATION 给参考

FYR　　FOR YOUR REFERENCE 供参考

F.I.B.　　FREE INTO BARGE 驳船交货

F.I.C.　　FREIGHT, INSURANCE, CARRIAGE 运费,保险费

F.I.H.　　FREE IN HARBOUR 港内交货

FLT　　FORKLIFT TRUCK 叉升式堆装机,堆高机

FLWG　　FOLLOWING 下列

FM　　FROM 从,自

FOB　　FREE ON BOARD 船上交货,离岸价格

F.O.D.　　FREE OF DAMAGE 损害不赔

F.P.A　　FREE OF PARTICULAR AVERAGE 平安险

FPAD　　FREIGHT PAYABLE AT DESTINATION 到港支付运费

FR　　FLAT RACK(CONTAINER) 平板柜（平底集装箱）

FRT　　FREIGHT 运费

FRT.FWD. FREIGHT FORWARD 运费由提货人支付，运费到付

FRT. PPD./CC FREIGHT PREPAID/COLLECT 运费预付/到付

FT FOOT(FEET) 英尺

FWB NON-NEGOTIABLE FIATA MULTIMODAL TRANSPORT WAYBILL 不可转让的 FIATA 多式联运运单

F.A.C. FAST AS CAN(LOADING OR DISCHARGE)尽可能快的装卸

F.A.C. FORWARDING AGENT'S COMMISSION 货运代理佣金

FAK FREIGHT ALL KINDS 均一费率,同一费率

FBL NEGOTIABLE FIATA MULTIMODAL TRANSPORT BILL OF LADING 可转让 FIATA 多式联运提单

FCA FREE CARRIER(INCOTERMS)货交承运人(国际贸易术语解释通则)

FCL FULL CONTAINER LOAD 整箱货

FFI FIATA FORWARDING INSTRUCTIONS FIATA 运送指示

F.G.A. FREE OF GENERAL AVERAGE 共损不保

G

G.A. GENERAL AVERAGE 共同海损

G.B.L. GOVERNMENT BILL OF LADING 政府海

运提单

G.C.　　　　GENERAL CARGO 杂货,普货

G.C.R.　　　GENERAL CARGO RATES 杂货运价

GDP　　　　GROSS DOMESTIC PRODUCT 国内生产总值

GDS　　　　GOODS 货物

GFA　　　　GENERAL FREIGHT AGENT 货运总代理人

GLESS　　　GEARLESS 无装卸设备

GMT　　　　GREENWICH MEANTIME 格林威标准时间

GR　　　　WT GROSS WEIGHT 总重,毛重

GSA　　　　GENERAL SALES AGENT 销售总代理

GST　　　　GOODS AND SERVICES TAX 货物和服务税

H

HF　　　　　HANDING FEE 操作费

HB/L　　　　HOUSE BILL OF LADING 无船承运人提单(货代单)

HWB　　　　HOUSE AIR WAYBILL 航空分运单

HWCS　　　HEAVY WEIGHT CONTAINER SURCHARGE 超重费

I

I.A.W.　　　IN ACCORDANCE WITH 按照,根据

ICD　　　　INLAND CLEARANCE DEPOT 集装箱内

陆验关堆场

IMDG	INTERNATIONAL MARITIME DANGEROUS GOODS（CODE）国际海运危险货物运输规则
IMM	IMMEDIATELY 立即
IMO	INTERNATIONAL MARITIME ORGANIZATION 国际海事组织
IN.	INCH（ES）英寸
INCL.	INCLUDING 包括……在内
INFO	INFORMATION 通知
INS	INSURANCE 保险
INTRM	INTERMEDIATE POINT 中途点
INV	INVOICE 发票

K

KG（S）	KILOGRAM（S）千克
KM	KILOMETER 公里
KN	KNOT（S）海里，节（航速单位）
KW	KILOWATT 千瓦
KWH	KILOWATT-HOUR 千瓦/小时
KWS	KNOTS 节/海里

L

LASH	LIGHTER ABOARD SHIP 载驳货船/子母船
LB（S）	POUND（S）磅
L/C	LETTER OF CREDIT 信用证

L/D	LOADING AND DISCHARGING 装货和卸货
L.& D.	LOSS AND DAMAGE 灭失和损坏
L.& U.	LOADING AND UNLOADING 装和卸
LCL	LESS THAN CONTAINER LOAD（LESS THAN CAR LOAD）拼装箱货,拼装车货（零担货）
LDG	LOADING 装货
LEL	LOWER EXPLOSIVE LIMIT 最低爆炸点
LFL	LOWER FLAMMABLE LIMIT 最低燃点
LIFO	LINER IN FREE OUT 船东承担装货费,租船人承担卸货费
LKG/BKG	LEAKAGE & BREAKAGE 漏损和破损
L.O.A.	LENGTH OVERALL 全长
LO/LO	LIFT ON .LIFT OFF 吊上吊下方式
LOC.	LOCAL;LOCATION 当地的,定位
LOI	LETTER OF INDEMNITY 保函
LSD	LANDING,STORAGE AND DELIVERY CHARGES 卸货,存储和交货费
L.T.	LOCAL TIME 当地时间
L/T	LINER TERMS 班轮条款
LTR.	LIGHTER 驳船
LUMP	LUMP SUM 包干费
LC	LOCAL CHARGE 当地费用

M

M	METRE(S) 公尺

M3   CUBIC METRE(S) 立方米

MAT   MATERIAL 资料

MAWB   MASTER AIR WAYBILL 航空主运单

MDSE   MERCHANDISE 商品

MFN   MOST FAVOURED NATION 最惠国

M.H.   MERCHANTS HAULAGE（集装箱）货方
          接运

M/R   MATE'S RECEIPT 大副收据

MI   MILE(S) 英里

MOS   MONTHS 月

MSBL   MISSING BILL OF LADING 丢失的提单

MSCA   MISSING CARGO 丢失的货物

MTD   MULTIMODAL TRANSPORT
          DOCUMENT 多式联运单据

MTO   MULTIMODAL TRANSPORT
          OPERATOR 多式联运经营人

N

N   NORMAL（RATE CLASSIFICATION）标
          准（运价等级）

NA   NOT APPLICABLE 不适用

NAOCC   NON AIRCRAFT OPERATING
          COMMON CARRIER 无航空经营权的公共
          承运人

NVOCC   NON VESSEL OPERATING COMMON
          CARRIER 无船承运人

NAWB   NEUTRAL AIR WAYBILL

（FORWARDERS AIR WAYBILL)航空货运代理运单

NCV.	NON CUSTOMS(COMMERCIAL) VALUE 无商业价值
N.L.T.	NOT LATER THAN 不迟于
N/N	NON-NEGOTIABLE 不能转让的
N.,	NO,NR. NUMBER 编号
N/O	NO ORDERS 无订单
NT WT	NET WEIGHT 净重量
N.V.D.	NO VALUE DECLARED 无申报价值

O

O.B.S.	OIL BUNKER SURCHARGE 燃油附加费
OB/L	OCEAN BILL OF LADING 海运提单
O/D	ON DECK 甲板货
ODS	OPERATING DIFFERENTIAL SUBSIDY 营运补贴
OFA	OCEAN FREIGHT AGREEMENT 海运运价协议
ONRS	OWNERS 船东
O.R.	OWNER'S RISK 船东所有人承担风险
OT	OPEN TOP(CONTAINER) 开顶式集装箱
O/T	OVERTIME 加班
O/B	ON BOARD DATE 装船日
O.F.	OCEAN FREIGHT 运费

P

PAYT	PAYMENT 支付
P.B.A.	PAID BY AGENT 代理人支付
P & D	PICK UP AND DELIVERY 接运和支付
P. & I.	PROTECTION AND INDEMNITY ASSOCIATION 保赔协会
P. & I.	PROTECTION AND INDEMNITY CLAUSE 保赔条款
P. & L.	PROFIT AND LOSS 损益表
P/C	PARAMOUNT CLAUSE 首要条款
PC	PART CARGO 部分货物
P.C.F.	POUNDS PER CUBIC FOOT……磅/每立方英尺
PCT	PERCENT 百分比,百分之
P.CHGS.	PARTICULAR CHARGES 特别费用
PD.	PAID 已付的
PKG	PACKAGE 件
P/L	PARTIAL LOSS 部分损失
PLTC	PORT LINER TERM CHARGES 港口班轮条款费用
P/N	PROMISSORY NOTE 期票
P/O	PURCHASE ORDER 订单
POD	PORT OF DISCHARGE 卸货港
POL	PORT OF LOADING 装货港
P.T.W.	PER TON WEIGHT 每重量吨
PSS	PEAK SEASON SURCHARGE 旺季附加费
PKL	PACKING LIST 装箱单

Q

Q	QUANTITY（RATE CLASSIFICATION）数量（费率等级）
QLTY	QUALITY 质量
QTY	QUANTITY 数量
QN	QUOTATION 引证，报价单
Q.V.	QUOD VIDE（WHICH SEE）见该项，参阅

R

R	REDUCED CLASS RATE（RATE CLASSIFICATION）降低等级费率
RCPT	RECEIPT 收据
RCVD	RECEIVED 收讫（发票）
R/C	RETURN CARGO 回程货
RCU	RATE CONSTRUCTION UNIT 运价结构单位
RE	REFER TO/REGARDING 有关
RED.	REDUCED 降低
REF	REFERENCE 参考
REP	REPRESENTATIVE 代表
RGDS	REGARDS 问候
R.I.	REINSURANCE 分保，再保险
R/O	ROUTING ORDER 指定货
R.O.G.	RECEIPT OF GOODS 货物收据
RO/RO	ROLL-ON/ROLL-OFF 滚动装卸运输
R.T.B.A.	RATE TO BE ARRANGED 费率另议（费率

按协议）

RY.   RAILWAY 铁路

S

S   SURCHARGECHARGE(RATE CLASSIFICATION) 附加费率

SB   SAFE BERTH 安全泊位

SBT   SEGREGATED BALLAST TANK 分隔压载舱

S/C   SURCHARGE 附加费率

S & C   SHIPPER AND CARRIER 托运人和承运人

S.& F.A.   SHIPPING AND FORWARDING AGENT 海运和货运代理

SCHDL   SCHEDULE 时间表

SCR   SPECIFIC COMMODITY RATE 特殊商品费率

S.D   SMALL DAMAGE 小额损失

SDR   SPECIAL DRAWING RIGHT 特别提款权

SF   STOWAGE FACTOR 积载因素

SHIPT   SHIPMENT 货载

SLD   SAILING DATE 开航日期

S.L.& C.   SHIPPERS'LOAD AND COUNT 托运人装箱计数

SLI   SHIPPERS LETTER OF INSTRUCTION 托运人说明书

S.O.L.   SHIPOWNER'S LIABILITY 船舶所有人的赔偿责任

SOLAS   SAFETY OF LIFE AT SEA 海上人身安全（公约）

SPD   SPEED 航速

SQ.CM(S) SQUARE CENTIMETER(S) 平方公分

SQ.IN(S) SQUARE INCH(ES) 平方英寸

SRCC   STRIKE，RIOTS，CIVIL COMMOTIONS 罢工、暴乱和内乱

S/S   STEAMSHIP 轮船

STOA   SUBJECT TO OWNER'S APPROVAL 有待船东批准

SUB   SUBJECT TO 有待于

S/O   SHIPPING ORDER 托运单、装货单

T

T   TON 吨

TACT   THE AIR CARGO TARIFF(IATA) 空运费率表

TBL   THROUGH BILL OF LADING 联运提单，直达提单

TBN   TO BE NAMED(SHIP) 将被指定的（船）

T/C   TIME CHARTER 期租合同

TCT   TIME CHARTER ON TRIP BASIS 航次定期租船

TD   TIME OF DEPARTURE 开航时间

TEU   TWENTY FOOT EQUIVALENT UNIT (CONTAINERS)20 英尺集装箱

TIP   TAKING INWARD PILOT 进港引航员上船

TL	TOTAL LOSS 全损	
TLECON	TELEPHONE CONVERSATION 电话谈论	
TLF	TARIFF LEVEL FACTOR 运价水平系数	
TLX	TELEX RELEASED 电放	
TNGE	TONNAGE 吨位	
T.O.D.	TIME OF DISPATCH 离港时间	
T.O.R.	TIME OF RECEIPT 接收时间	
TOT	TERMS OF TRADE 贸易条款	
TOT.	TOTAL 全部的	
TR	TARE(货物的)皮重	
THC	TERMINAL HANDLING CHARGE 码头操作费/吊柜费	

U

U.C.	USUAL CONDITIONS 通常条件
U.D.	UNDER DECK 甲板下,舱内
U.DK	UPPER DECK 上层甲板
U/W	UNDERWRITER 保险公司,担保人

V

VAL.	VALUE 价值
VAT	VALUE ADDED TAX 增值税
VES.	
/VSL.	VESSEL 船舶
V/C	VOYAGE CHARTER 航次租船
VIC	VERY IMPORTANT CARGO 重要货物
VIO	VERY IMPORTANT OBJECT 重要物品

VIP	VERY IMPORTANT PERSON 贵宾
VOL	VOLUME 量,容量

W

W/B	WAY- BILL 运单
W.B.D.	WILL BE DONE 将完成
W/D	WORKING DAY(S) 工作日
WDT/	
WTH	WIDTH 宽（度）
W.E.F.	WITH EFFECT FROM 从（时间）开始有效
WT	WEIGHT 重量
WHSE	WAREHOUSE 仓库
WK.	WEEK 星期
W/M	WEIGHT/MEASUREMENT 重量/体积
W/O	WITHOUT 没有,在……外面
WOG	WITHOUT GUARANTEE 不作保证
W.P.A.	WITH PARTICULAR AVERAGE 单独海损险
W.R.	WAREHOUSE RECEIPT 仓库收据
W.R.T.	WAR RISK INSURANCE 战争险
WTS	WORKING TIME SAVED 节省的工作时间

X/Y

XPNS	EXPENSES 费用
YD	YARD 堆场
Y/L	YOUR LETTER 你的函件
Y/O	YOUR ORDER 你的订单

§ 附录七 §

世邦国际企业集团荣誉清单

世邦国际企业集团近年在台湾地区获得的荣誉：

1995 年,世邦集团所属式邦船务代理有限公司获选为台湾地区十大优良航商之一;

2008 年～2011 年,台湾地区服务业五百强;

2008 年,世邦国际企业集团董事长李健发先生获选"2008两岸物流风云人物";

2011 年,世邦集团旗下四家公司同时获颁台湾"财政部门关税总局"AEO 安全认证优质企业证书;

2011 年,世邦联合空运拥有国际航空运输协会(IATA)专门执照 IATA NO：HO 34—3 0795 000 3;

2012 年,世邦集运荣获美国上市公司 FASTENAL 颁赠"2012 台湾区最佳物流合作伙伴";

2012—2015 年,世邦集运荣获第一类优良报关行;

2016 年 7 月 11 日,世邦集团董事长李健发先生获选"台湾地区 2016 年度海运有功人员"荣誉称号(每年度评选两名)。

世邦集运(厦门)有限公司近年在大陆获得的主要荣誉：

2006 年,荣获第五届中国货运业大奖授予的综合服务、资讯服务、网络覆盖、华南地区最佳货运公司优秀奖;

2008 年,荣获第六届中国货运业大奖授予的资讯服务优秀奖、华南地区最佳货运代理公司称号;

2010 年,荣获第七届中国货运业大奖授予的"中国最佳货运代理公司"称号;

2010 年,荣获厦门市商业联合会授予的"百家诚信商家"称号;

2011 年,荣获第八届中国货运业大奖授予的"中国最佳货运代理公司"称号;

2012 年,荣获第九届中国货运业大奖授予的综合服务、华南地区最佳货运代理公司金奖;

2013 年,被中国物流与采购联合会授予国家 AAA 级物流企业;

2013 年,经认证通过"ISO9001:2008 质量管理体系"认证;

2014 年,荣获厦门市诚信促进会授予的"2012－2013 年度厦门市诚信示范企业"称号;

2016 年,经认证通过"ISO9001:2008 质量管理体系"认证;

2016 年,被厦门市物流企业信用等级评定委员会授予"AAA(最高级)物流信用企业"称号。

世明船务代理(厦门)有限公司获得的荣誉:

2016 年,荣获厦门市诚信促进会授予的"2014－2015 年度厦门市诚信示范企业"称号。

黄伟明先生获得的荣誉:

2015 年,荣获厦门市两岸社会组织交流协会授予的"厦门市两岸社会组织先进工作者"称号;

2016 年,荣获厦门市老年基金会授予的"厦门市助老之星"称号。

参考文献

1.艾·里斯,杰克·特劳特.定位.北京:机械工业出版社,2011.

2.艾·里斯.聚焦.北京:机械工业出版社,2014.

3.艾·里斯,杰克·特劳特.营销战.北京:中国财政经济出版社,2002.

4.陈春花.激活个体.北京:机械工业出版社,2015.

5.稻盛和夫.活法.北京:东方出版社,2009.

6.丹尼尔·平克.驱动力.北京:中国人民大学出版社,2012.

7.菲利普·科特勒著.市场营销.北京:中国人民大学出版社,2015.

8.费迪南·佛尼斯.绩效!绩效!北京:中国财政经济出版社,2003.

9.格雷戈·麦吉沃恩.精要主义.杭州:浙江人民出版社,2016.

10.宫内义彦.抓住好风险.北京:东方出版社,2016.

11.何飞鹏.管理者对与错.台北:商周出版,2016.

12.杰克·特劳特.史蒂夫·里夫金.重新定位.北京:机械工业出版社,2011.

13.刘亚莉.总经理管控财务一本通.广州:广东经济出版社有限公司,2014.

14.马库斯·白金汉.首先,打破一切常规.北京:中国青年出版社,2011.

15.容易.带团队就这么简单.北京:新世界出版社,2013.

16.瑞克·吉尔伯特.向上汇报.北京:企业管理出版社,2014.

17.史永翔.搞通财务出利润.北京:北京大学出版社,2014.

18.唐华山.激励员工不用钱.北京:人民邮电出版社,2012.

19.谢燮.变革水运.人民交通出版社,2016.

20.岩田松雄.成为让部属愿意追随的上司.台北:悦知文化,2015.

21.赵伟.给你一个团队,你能怎么管.南京:江苏文艺出版社,2013.

22.曾国栋,王正芬.王者业务力.台北:商周出版社,2014.

23.林正刚.正能量.浙江人民出版社,2012.

24.林正刚.创能量.浙江人民出版社,2015.

25.稻盛和夫.创造高收益.东方出版社,2010.

26.彼得·德鲁克.卓有成效的管理者.机械工业出版社,2005.